U0232561

中国科普大奖图书典藏书系

智趣昆虫

杨红珍◎著

长江出版传媒 湖北科学技术出版社

图书在版编目（ＣＩＰ）数据

智趣昆虫 / 杨红珍著. — 武汉 ： 湖北科学技术出版社，2021.10

（中国科普大奖图书典藏书系 / 叶永烈，刘嘉麒主编）

ISBN 978-7-5706-1697-8

Ⅰ. ①智… Ⅱ. ①杨… Ⅲ. ①昆虫－普及读物 Ⅳ. ①Q96-49

中国版本图书馆 CIP 数据核字(2021)第 178047 号

智趣昆虫
ZHI-QU KUNCHONG

责任编辑：梅嘉容　王　璐		封面设计：胡　博
出版发行：湖北科学技术出版社		电话：027-87679468
地　　址：武汉市雄楚大街 268 号		邮编：430070
（湖北出版文化城 B 座 13-14 层）		
网　　址：http://www.hbstp.com.cn		
印　　刷：武汉中科兴业印务有限公司		邮编：430071
700×1000	1/16　　　　12 印张　　2 插页	200 千字
2021 年 10 月第 1 版	2021 年 10 月第 1 次印刷	
		定价：45.00 元

本书如有印装质量问题 可找本社市场部更换

总 序

我热烈祝贺"中国科普大奖图书典藏书系"的出版！"空谈误国，实干兴邦。"习近平同志在参观《复兴之路》展览时讲得多么深刻！本书系的出版，正是科普工作实干的具体体现。

科普工作是一项功在当代、利在千秋的重要事业。1953年，毛泽东同志视察中国科学院紫金山天文台时说："我们要多向群众介绍科学知识。"1988年，邓小平同志提出"科学技术是第一生产力"，而科学技术研究和科学技术普及是科学技术发展的双翼。1995年，江泽民同志提出在全国实施科教兴国战略，而科普工作是科教兴国战略的一个重要组成部分。2003年，胡锦涛同志提出的科学发展观既是科普工作的指导方针，又是科普工作的重要宣传内容；不是科学的发展，实质上就谈不上真正的可持续发展。

科普创作肩负着传播知识、激发兴趣、启迪智慧的重要责任。"科学求真，人文求善"，同时求美，优秀的科普作品不仅能带给人们真、善、美的阅读体验，还能引人深思，激发人们的求知欲、好奇心与创造力，从而提高个人乃至全民的科学文化素质。国民素质是第一国力。教育的宗旨，科普的目的，就是为了提高国民素质。只有全民的综合素质提高了，中国才有可能屹立于世界民族之林，才有可能实现习近平同志提出的中华民族的伟大复兴这个中国梦！

新中国成立以来，我国的科普事业经历了：1949—1965年的创立与发展阶段；1966—1976年的中断与恢复阶段；1977—

1990 年的恢复与发展阶段；1991—1999 年的繁荣与进步阶段；2000 年至今的创新发展阶段。60 多年过去了，我国的科技水平已达到"可上九天揽月，可下五洋捉鳖"的地步，而伴随着我国社会主义事业日新月异的发展，我国的科普工作也早已是一派蒸蒸日上、欣欣向荣的景象，结出了累累硕果。同时，展望明天，科普工作如同科技工作，任务更加伟大、艰巨，前景更加辉煌、喜人。

"中国科普大奖图书典藏书系"正是在这 60 多年间，我国高水平原创科普作品的一次集中展示。书系中一部部不同时期、不同作者、不同题材、不同风格的优秀科普作品生动地反映出新中国成立以来中国科普创作走过的光辉历程。为了保证书系的高品位和高质量，编委会制定了严格的选编标准和原则：①获得图书大奖的科普作品、科学文艺作品（包括科幻小说、科学小品、科学童话、科学诗歌、科学传记等）；②曾经产生很大影响、入选中小学教材的科普作家的作品；③弘扬科学精神、普及科学知识、传播科学方法，时代精神与人文精神俱佳的优秀科普作品；④每个作家只选编一部代表作。

在长长的书名和作者名单中，我看到了许多耳熟能详的名字，备感亲切。作者中有许多我国科技界、文化界、教育界的老前辈，其中有些已经过世；也有许多一直为科普事业辛勤耕耘的我的同事或同行；更有许多近年来在科普作品创作中取得突出成绩的后起之秀。在此，向他们致以崇高的敬意！

科普事业需要传承，需要发展，更需要开拓、创新！当今世界的科学技术在飞速发展、日新月异，人们的生活习惯和工作节奏也随着科学技术的进步在迅速变化。新的形势要求科普创作跟上时代的脚步，不断更新、创新。这就需要有更多的有志之士加入到科普创作的队伍中来，只有新的科普创作者不断涌现，新的优秀科普作品层出不穷，我国的科普事业才能继往开来，不断焕发出新的生命力，不断为推动科技发展、为提高国民素质做出更好、更多、更新的贡献。

"中国科普大奖图书典藏书系"承载着新中国成立60多年来科普创作的历史——历史是辉煌的,今天是美好的! 未来是更加辉煌、更加美好的。我深信,我国社会各界有志之士一定会共同努力,把我国的科普事业推向新的高度,为全面建成小康社会和实现中华民族的伟大复兴做出我们应有的贡献! "会当凌绝顶,一览众山小"!

中国科学院院士
华中科技大学教授 杨叔子 二〇一二
九·廿八

前　言

　　4亿年前,昆虫是第一批出现在陆地上的动物,比鸟类整整早了19500万年,比大家都熟知的恐龙早了12000万年,而我们人类才仅仅有几百万年的历史。由此可见,昆虫真是一个古老的动物家族,也是最早飞上天空的动物,至今仍是地球上种类和数量最多的动物类群。我们不得不佩服它们超强的生存能力。

　　昆虫具有柔韧而坚硬的外骨骼,与脊椎动物的内骨骼不同,它是由一种名为壳质的特殊物质组成的。这种像盔甲一样的外骨骼的结构非常复杂,具有不透水、防御和支撑昆虫身体等功能,特别是保护着昆虫柔软的身体和重要的内脏器官。由于昆虫的身体每节之间由柔软、能伸缩的膜相连,这样就可以在外骨骼的保护下,自由活动身体的各个部分了。但是,坚硬的外骨骼不会跟着身体一起长大,因此随着身体的成长,昆虫必须一次次蜕掉外骨骼。

　　昆虫头部的触角、复眼、口器,胸部的翅、足,以及腹部的产卵器官都进行了五花八门的特化。各种各样的触角有助于昆虫进行通信联络、寻觅异性、寻找食物和选择产卵场所等活动。大而突出的复眼最大限度地扩展了昆虫的视觉范围,蜻蜓、蝴蝶、突眼蝇甚至能看见360°全方位的物体,无论是水平方向的还是垂直方向的。多种类型的口器,使得几乎所有能吃的东西都在昆虫的取食范围内。翅的出现使得昆虫不再局限于出生地周边的活动范围,取食范围也得到了极大扩展;翅的特化如蜻蜓的翅痣、双翅目昆虫的平衡棒保障了昆虫的良好飞行,而硬化的鞘翅则相当于给昆虫的身体增加了一层保护罩。昆虫变化多样的足适于爬、跳、抱、捕、挖、携、游等多种运动方式;而拥有形状不一的产卵器使它们有着了花样繁多的产卵方式,可见它们十分善于进行传宗接代的工作。

除了以上的基本结构,昆虫的身体还有很多特化的结构。昆虫虽然没有"耳朵",但许多种类都具有发达的听觉,通常称为听器。鸣蝉的听器长在腹部第一节的两侧;蟋蟀、螽斯的听器长在前足上。而听力最好的昆虫的听器则长在触角上,如雄蚊、豉甲等,其听器内有多达上万个感觉细胞,使得昆虫反应极为灵敏。蜂类的产卵器已不用于产卵,而特化为专门用来蜇刺、注射毒液的器官。蝽类的臭腺是一种防卫体系,鸟儿只要闻到蝽类身上的臭味就会觉得太难吃而放弃吃它。蠼螋的尾铗用于捕食、防卫或交尾时起抱握作用。蝎蝽的腹部末端进化出的超长呼吸管直接连于水面,使其可以从容地在水下生活。蜉蝣幼虫的尾丝形状多种多样,在水中具有辅助游泳的作用。

昆虫的种类和数量之多已经令人眼花缭乱,而同一种昆虫个体形态的多变也令人不胜惊讶。如在自然界,花间飞舞的蝴蝶却是由令人生厌的毛毛虫变的;池塘边飞旋的蜻蜓,它的幼虫却是在水中扑食蚊虫的水虿;树上引吭高歌的知了,原来是在地下生活了很多年后爬出来的;辛勤劳作的蜜蜂,小时候却是个"饭来张口"的"寄生虫"……这些都是昆虫在成长过程中的奇特现象,虽然短暂但却经历了极其复杂而多变的过程,进而形成了多姿多彩、无处不在的昆虫世界!昆虫这种从幼虫状态发育为成虫状态的过程叫作"变态"。昆虫的变态方式大致分为五大类:完全变态、不完全变态、原变态、增节变态和表变态。在各类变态中完全变态是进化最为完善的一种类型,80%以上的昆虫种类都属于这种变态方式。因为它们的成虫时和幼虫时的食性、生活习性、生存环境等方面都完全不同,这就避免了同种昆虫对食物资源及活动空间等方面的竞争,从而获得了比其他变态类型的昆虫更为优越的生存方式。

除了成长过程中多变的形态,同一种昆虫在成虫阶段还有很多不同的形态类型。比如,雌雄异形现象,也称性二型现象,即雌性和雄性的长相不同。比如鞘翅目的锹甲类,雄性基本都拥有美丽而雄壮的大颚,色彩也多变;而雌性不但没有大颚,色彩也暗淡。许多蝴蝶如丝带凤蝶、绿鸟翼凤蝶等,雌雄蝴蝶完全不同,各具风采;很多蝴蝶随着季节不同还具有不同的色型;玉带凤蝶雌蝶有好几种不同的形态类型,如拟雄型、红蛛型、南亚凤蝶型等。鞘翅目的异色瓢虫甚至具有上百种不同的色型,看似完全不同,其实都是同一种昆虫。而社会性昆虫由于成员之间分工不同出现了不同的形态类型,比如白蚁群中有蚁王、蚁后、工蚁、兵蚁,它们各司其职,集体生活。

为了生存,昆虫将伪装做到了出神入化的地步。有些昆虫具有与周围环境一致的外衣颜色,形成"保护色"来保护自己:在绿色草丛里的蝗虫,全身都是绿色;而在枯草中,蝗虫的颜色又变成了枯黄色。有些昆虫把自己伪装成植物的一部分,让你傻傻分不清:尺蠖把自己伪装成一根树枝;叶子虫把自己伪装成一片绿叶;枯叶蝶把自己伪装成一片枯叶。有些昆虫则会把自己伪装成动物身体的一部分,甚至伪装成另外一种有毒的昆虫,来向天敌示威:乌桕大蚕蛾前翅前端的花纹很像蛇头;猫头鹰蝶的后翅上有一对像猫头鹰眼睛一样的大眼斑;东亚燕灰蝶后翅末端形成了一个自己的"假头";食蚜蝇不但模仿了蜜蜂的长相,还会模仿蜜蜂蜇刺的动作。还有些昆虫会分泌一些物质,把自己藏在里面,跟天敌玩起了捉迷藏:沫蝉的幼虫会分泌很多泡泡把自己包围起来;斑衣蜡蝉会在自己产的卵身上抹上一层分泌物,这层分泌物的颜色与树皮颜色一样。很多昆虫在遇到危险时都会假装死去,它们会突然从树叶上掉落,并且身体蜷缩、静止不动,从而逃过一劫。鞘翅目、鳞翅目、蜻蜓目、半翅目、螳螂目、直翅目、膜翅目等中都存在会假死的昆虫。

昆虫的伪装不仅是为了保护自己免受伤害,还是为了增加捕食的机会。兰花螳螂会把自己伪装成一朵兰花,枯叶螳螂会把自己伪装成一片枯叶,而树枝螳螂则把自己伪装成一节树枝,它们都是为了隐藏在环境中等待猎物的到来。蚁狮会在沙土地上挖一个漏斗状的陷阱,自己藏在漏斗底部,等待路过的蚂蚁等小昆虫掉进它设置的陷阱里。

昆虫具有不可思议的生殖能力。昆虫通常一生能产数百粒卵,像蜜蜂、白蚁这样的社会性昆虫以及具有孤雌生殖的蚜虫等昆虫,它们的生殖力会更强。蜜蜂的蜂王每天能产 2000~3000 粒卵。白蚁的蚁后一生可产几百万粒卵。蚜虫一年能繁殖20 ～ 30代,而且成熟很快,出生后只需5天就能生育后代。假设它的后代都能存活,一只孤雌生殖的蚜虫经过半年时间,它的后代数量就会就会达到 6×10^{20} 只。

小小的昆虫虽不起眼,但它们却能给人类带来危害甚至是灾难,目前已知对人类健康和国民经济有直接影响的昆虫就超过10000种。当然,更多的是对人类有益的昆虫。昆虫对维护自然界的生态平衡起着重要的作用,许多昆虫和有花植物存在着密切的关系,蜜蜂等访花昆虫是传粉播种的重要载体。昆虫在人类的科学研究、文化教育、卫生保健,以及丰富广大人民群众的文化生活等方面,都具有极为重要的应用价值。随着人们生活水平的提高,一些体色艳丽、形态奇特的昆虫种类作为"观赏昆虫"而受到了越来越多的关注,为人类的生活增添了新的情趣。

不过,无论是益虫、害虫,还是观赏昆虫,以及所谓昆虫对我们人类的贡献,这些都是人类给予昆虫的定义。昆虫只是它们自己,"害虫"不会因为危害了庄稼而感到"内疚","益虫"不会因为拯救了农作物而"骄傲自满","观赏昆虫"也不会因为得到了人类的青睐而"沾沾自喜"。它们只是按照自己的生活规律努力、潇洒地活着。昆虫的那些变化多样的结构特征、行为习性和生存技巧,不管是与生俱来的,还是后期演化的,都是为了能够更好地在地球上生存和繁衍;人类对于它们而言,只不过是在生命和时间网中遇见的不同物种而已。

昆虫是动物界最兴旺发达的类群,现在已知的种类就达100多万种,而且随着科学技术的发展和进步,新的昆虫种类还在陆续被发现。如果加上尚未定名的种类，存在于地球上的昆虫可能多达1000万种！虽然每种昆虫都有自己的特色，但一本科普书不可能介绍所有的物种，所以只能介绍那些具有代表性的昆虫，及它们的不同求爱方式和生存技巧。通过观察这些具有代表性的昆虫可以发现，它们既有水生的也有陆生的，既有植食性的也有捕食性的，既有完全变态的也有不完全变态的，并且尽可能地介绍它们。本书通过细腻的文字和唯美的图片，介绍了32种昆虫的精巧结构、生活习性、行为特点、恋爱婚姻等方面的科学知识，希望读者能够更多地了解这些小昆虫在与大自然的斗争中展现出的惊人智慧，从而更加喜爱这些大自然中的小生灵，进而激发读者去探秘我们不知道的昆虫世界。

杨红珍

2021 年 7 月

就地取材造房子——石蚕

昆虫名片

中文名：石蛾　　　　　　世界已知种数：12800余种

分类地位：毛翅目 Trichoptera　　中国已知种数：1100余种

体长：2~40毫米　　　　　　分布：世界各地

去郊外休闲的时候，不妨坐在小河边静静地看看水，观察一下水中的世界都有什么。除了石头、沙粒、水草、漂浮的落叶，有没有发现一根沾了一些小沙粒的小棍在水里移动？它们不是随着水流被动地漂流，而是自由自在地"闲逛"。这根小棍可不是一般的小棍，而是一种名叫"石蚕"的昆虫为自己所造的房子。除了这种会移动的房子，石蚕还会给自己造一些其他形状的房子，并把房子伪装成河床的一部分或者石块的一部分。石蚕的房子形状多样、五花八门，不但能保护石蚕柔弱的身体，而且对它们来说又是很好的伪装，常常能骗过那些饥饿的捕食者。的确，这种神奇的伪装连我都被骗了，第一次去找石蚕的时候，还是同事指给我看我才发现它的。

图1-1（①~⑭） 会移动的房子

努力造房子

　　石蚕出世后做的第一件事就是赶紧为自己量身打造一座小房子，然后才顾得上吃东西。石蚕能用任何东西来建造这座房子，但通常用的材料都是取自身边的碎石、枯叶等。如果材料太大，它就用自己强有力的颚将其咬碎，然后用足举起这些材料仔细端详，必要时把材料旋转个方向，然后小心地粘到自己的身体周围。

那么，石蚕是用什么来粘起这些建筑材料的呢？原来，它们的唾液就是胶水。石蚕的下唇末端有一块不大的唇舌，舌上有一个能吐丝的腺体，从腺体的孔中能分泌出一种遇水迅速凝固的丝状液体，就像胶水一样，有很强的黏性。它将这种胶水涂在房子的内壁上，形成一层光滑的衬里，就像人们用涂料、壁纸装潢室内墙壁一样。这样，一间舒适的房子就做好了。然后，它把自己柔软的身体放进这个手工制作的壳里，使自己被包裹起来。石蚕的壳具有很好的保护作用，一旦遇到敌人它就把头缩进壳里，就像蜗牛缩进壳里一样，来躲避可怕的食肉动物。随着石蚕的不断长大，它要进行多次蜕皮才能发育为成虫，而每次蜕皮后它都会再筑造一个能容纳自己的更大一点儿的房子。所以，仔细观察的话，你可能会在小河里发现一些小型的空房子。石蚕的吃喝拉撒睡都在它给自己做的一个个"安乐窝"里，直到长大变为成虫，离开水面到陆地上生活时为止。

到了冬天，石蚕便将它的房子黏附于固体物质上，然后全身缩进房子里，并把房子两头的孔封死，在里边冬眠和化蛹。石蚕的蛹为强颚蛹，水生，幼虫靠鳃或皮肤呼吸。化蛹前，幼虫结一个茧。蛹发育成熟后切穿或咬穿它的茧和房子的墙壁，然后游出水面，爬上树干或石头，羽化为成虫。

图1-2 小河里的空房子

对人类的贡献

石蚕建房子的时候，会分泌防水的黏液把各种材料粘在一起，这一切完全是在水下进行的。这种类似胶水的黏液使得它的房子不仅能防水还足够结实，而且能够承受幼虫的身体重量和多次冲击。目前，医学家正在研究石蚕分泌的这种丝状的液体，想看看其是否可以替代手术中使用的针线和螺丝。虽然这项研究还在起步阶段，但也许在不久的将来会在医学上做出巨大的贡献。

石蚕就地取材造房子的特点也被商人看重，从而开发出一种新奇的珍宝。他们在放了珍珠的水里饲养石蚕。石蚕在造房子的时候会把珍珠作为它的建筑材料，从而制作出漂亮的珍珠房子，而且造型各异。等到石蚕发育成熟变成成虫，它就会离开自己的住所，把那些漂亮的房子留下来。

类 群 特 点

毛翅目昆虫成虫统称为石蛾，幼虫称为石蚕。全世界已知12800余种，我国已知1100余种。石蛾常见于溪水边，主要在黄昏和晚间活动，白天隐藏于植物中。口器为咀嚼式，但已退化，仅下颚须和下唇须显著，所以它们吃不了固体食物，只能吸食花蜜或水。

石蛾一般只能活几天。在这短暂的几天里，它们的主要工作就是寻找配偶，繁衍后代。石蛾的变态类型为完全变态，一生经过卵、幼虫、蛹、成虫共4个阶段。雌石蛾每次产卵可达300~1000粒。卵产于水中，借助于胶质附在水中岩石、根干、水生植物上，或附在浮于水面的枝条上。幼虫在水中出生，在水中长大。

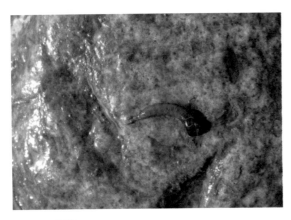

图1-3　石蚕

石蚕的体型为蝎型或衣鱼型，大多数体长仅10~15毫米，直径约2毫米。石蚕的习性比较活泼，多为植食性，以藻类、水生微生物或水生高等植物为食；也有肉食性的，捕食小型甲壳类以及蚋、蚊等小型昆虫的幼虫；也有因季节不同而改变食性的，但石蚕本身又是淡水鱼类的饵料。

石蚕成虫形态叫石蛾。石蛾因外形很像蛾类而得名，停歇的时候翅膀也呈屋脊状，但它并不属于蛾类，因为它的翅面具毛，与蛾类的翅不大相同。因为石蛾是比较古老的昆虫，所以有人认为，极有可能是由毛翅目昆虫的一支发展成了鳞翅目昆虫。

石蚕生活于湖泊、河流、池塘以及小溪等各类清洁的淡水水域中，是水生昆虫中最大的类群之一。它们偏爱较冷的无污染水域，生态学忍耐性相对较窄，对水质污染反应灵敏，是显示水质污染程度较好的指示昆虫，因而是环保专家研究环境和判断水质好坏的好助手。同时，它又是许多鱼类的主要食物来源，在淡水生态系统的食物链中占据重要位置。

图1-4　角石蛾

"飞行之王"——蜻蜓

昆虫名片

中文名：蜻蜓

分类地位：蜻蜓目 Odonata、差翅亚目 Anisoptera

体长：通常为 3~9 厘米，最长的可达 15 厘米

世界已知种数：3000 余种

中国已知种数：300 余种

分布：除南北极外的世界各地，尤其在热带地区种类较多

"蜻蜓飞得低，出门带蓑衣"，这是我国人民根据蜻蜓低飞的反常现象来判断天气变化的谚语。意思就是说，蜻蜓低飞的时候十有八九是要下雨了，所以出门的时候别忘了带上蓑衣。

的确，一旦天气沉闷、快要下雨的时候，蜻蜓好像突然就从哪儿冒出来了似的，在离地面2米左右的低空飞行，从不停歇。说它们是一架架小型的直升机一点儿都不为过，它们可以在空中盘旋很久，也可以突然来一个180°的急转弯，而且可以直升直降。难道它们就是为了提醒我们要下雨了吗？当然不是啦，它们只是忙着抓蚊子罢了！

图2-1 黄蜻

蜻蜓的一生

"点水蜻蜓款款飞"是我国古代的诗句,可见蜻蜓点水的现象,人们早就注意到了。人们还用蜻蜓点水这个成语比喻做事肤浅不深入。实际上,蜻蜓点水却大有深意。这是蜻蜓生活史中必经的阶段,是为了把卵产在水里。所以蜻蜓有时会在河浜或池塘水面上,不时地把尾巴往水中一浸一浸地低飞着,姿态优美,动作轻柔,实际上这种"点水"就是蜻蜓产卵的动作。现代社会高楼大厦上大面积使用玻璃的情况比较多,有时候会干扰蜻蜓产卵,雌蜻蜓会误把发光

图2-2 蜻蜓交尾

的玻璃当作水面,在玻璃上不停地点点点。当然,除了"点水"外,蜻蜓还有其他产卵方式。

蜻蜓的稚虫称为水虿,要在水里过很长时间的爬行生活。水虿和蜻蜓的长相完全两样。水虿没有翅,也没有尾巴,身体扁而宽,但也有3对足。它的下唇很长,可以屈伸,顶端有一只很长的大"老虎钳",是捕捉猎物的工具。当猎物经过它面前时,能迅速而准确地将猎物逮住,放入口中。在休息的时候,下唇可以折曲,犹如一只手,伸屈自如;还能将口全部遮盖起来,称为"面罩"。池塘中的蜉蝣或蚊子等昆虫的幼虫是它的主要食料,偶尔它也捕食小蝌蚪和鱼苗,其中蚊子的幼虫——孑孓是它最好的食物。因此可以说蜻蜓从幼年时代开始就是除害能手了。水虿在水里要经过2~5年,甚至7~8年才能羽化为成虫。在这段漫长的岁月中,水虿要经过10多次的蜕皮,不断长大,最后爬出水面,爬到水草枝上,不吃也不动;身体会皱缩,变得又短又胖,长度不到蜻蜓的1/3;然后蜕掉幼年时的"衣裳",变成蜻蜓飞向蓝天。

图2-3　水虿头部的面罩

图2-4　快要羽化的水虿

图2-5　蜕掉幼年时的"衣裳"

"飞行之王"——蜻蜓

对人类的贡献

蜻蜓是昆虫中最负盛名的"飞行家",是当之无愧的"飞行之王"。蜻蜓的后翅稍大于前翅,前后翅的大小翅脉都不一样,称为"差翅"。2 对狭长的翅又轻又薄,可以毫不费力地承担起全身的重量。它不仅身体看上去很像一架轻巧的双翼小飞机,而且在飞行的时候,2 对翅都可以单独扇动,和旧式双翼飞机的机翼起着同样的作用。蜻蜓在飞行的时候,翅的扇动频率较低,但飞行的速度最快,持续飞行距离更是令人惊讶。蜻蜓不但可以以100 千米/时的速度在空中快速飞行几百千米,还能在 5800 米的高空飞行。

蜻蜓的翅薄而轻,质量只有 0.005 克,每秒可振动 30~50 次。这么柔弱单薄的翅,怎么能在每秒几十次的振颤之下却安然无恙呢? 原来,在亿万年前,大自然就为蜻蜓配备好了奇妙的消振颤装置。在它翅的前缘上方有一块深色的角质加厚区,称为翅痣,这就是蜻蜓翅的抗振颤装置,如果没有它,蜻蜓的翅就会发生振颤,使它不能正常飞行。在空中高速飞行的飞机

图2-6　大团扇春蜓

图2-7　吕宋灰蜻

也与蜻蜓一样，机翼会发生振颤，导致机翼折断、机毁人亡的悲剧。后来，科学家们从蜻蜓的翅痣中受到启发，模仿蜻蜓的翅，在飞机机翼的前缘末端焊上一个抗振颤装置——配重，就避免了振颤的发生。

类 群 特 点

　　蜻蜓属于蜻蜓目、差翅亚目，分布于除南北极外的世界各地，尤其在热带地区种类较多。目前，全世界已知蜻蜓有 3000 余种。蜻蜓也是一种非常古老的昆虫，大约在 3.5 亿年前，蜻蜓的祖先就在地球上出现了，那时，地面上还生长着茂密的上古森林。那个时代的森林中氧气非常充足，以至于昆虫的体形都非常大。那个时代的蜻蜓是翅展可达 70 厘米至 1 米以上

图2-8　古蜻蜓复原图

的巨型蜻蜓。现在的蜻蜓可就小得多啦，一般体长 3~9 厘米，最长的也就
15 厘米。

　　蜻蜓的头部很大，活动自如，2 只晶莹剔透的大复眼占了头的大部分，
就像镶嵌着"猫儿眼""祖母绿"的球形宝石。它的每只复眼中一共有
20000~28000 只小眼，构造非常特殊，复眼上半部分的小眼专门看远处的物
体，下半部分的小眼专门看近处的物体。昆虫大多为近视眼，但蜻蜓的眼

图2-9　晶莹剔透的大复眼

睛却远近都能看,而且还能测速。当物体在蜻蜓复眼前移动时,蜻蜓的每只小眼都像一台小型照相机,依次产生反应,经过加工,形成图像,并根据连续出现在小眼里的影像和时间,确定目标物体的运动速度,这样便可以捕捉到飞翔着的其他昆虫了。另外,蜻蜓的头上还有3只单眼,是承担感觉光线明暗的任务的。复眼和单眼是相互配合、相辅相成的关系。

蜻蜓属于肉食类昆虫,专门以蚊子、苍蝇和其他小昆虫为食,其中大多对于人类来说是害虫,所以蜻蜓被称为"益虫"是当之无愧的。蜻蜓的食量非常惊人,捕捉猎物的方法也很独特,在空中遇到猎物就立刻把6只脚向前方伸张开。由于它的每只脚上都生有无数细小而锐利的尖刺,所以6只脚合拢起来就像一只口朝前开的小"笼子"。这样它就可以一边飞翔一边将空中的小昆虫捕捉到"笼子"里,然后逍遥自在地将其吃掉。

图2-10　赤褐灰蜻

"弱不禁风"的肉食者——豆娘

昆虫名片

中文名:豆娘　　　　　　　世界已知种数:3000余种

分类地位:蜻蜓目 Odonata、　中国已知种数:130余种

均翅亚目 Zygoptera　　　　分布:世界各地

体长:3.0~3.5厘米

　　不管是山区还是城市,在水域附近常常能看见豆娘美丽的身影。它的身体很柔弱,细细的腰肢,柔软的羽翼,飞起来的时候柔柔慢慢,像轻纱曼舞的少女。所谓"娴静时如娇花照水,行动处似弱柳扶风""清瘦婀娜,柔弱脱俗""娇柔无比但又风情万种",说的也许是林黛玉,也许就是这种令国内外许多昆虫爱好者为之痴迷的豆娘。豆娘不但体态优美,而且颜色鲜艳,有些昆虫爱好者对它的痴迷程度甚至超过了蝴蝶。

图3-1(①~④) "轻纱曼舞的少女"——豆娘

豆娘的一生

  豆娘喜欢生活在山川溪流、湖畔塘沼等有水有草的水域附近。豆娘虽然柔弱,但是身体却很灵活。在交配过程中,雌雄豆娘需要共同表演既复杂又优雅的舞蹈。当一只雌豆娘来到它心仪的雄豆娘的领地时,雄豆娘立即就用它"尾巴"端部的一对抱茎卷须抓住雌豆娘的胸部进行交配,这种奇特的交配技巧使它们可以在雄豆娘的带领下一前一后地飞行。雌豆娘产卵也大都采用"点水"的方式进行,一边飞舞一边点水,体态婀娜,舞姿优美,美得让人心醉。

  豆娘的发育和蜻蜓一样,需要经过卵、稚虫、成虫共3个阶段。雌豆娘常将卵产在水边植物的叶子上,列成一排,稚虫(与蜻蜓的稚虫一样,也叫水蚤)孵化出来后掉在水里,就在水中生活,以捕食水中的小虫为生。豆娘稚虫和蜻蜓稚虫在外形上差别很大,蜻蜓稚虫一般体型粗壮,头部的宽度小于胸部和腹部的宽度;而豆娘稚虫体型纤细,头部比胸部和腹部都宽。蜻蜓稚虫的腹部末端有 3 个坚硬的短刺;而豆娘稚虫的腹部末端有 3 条叶片状的尾鳃,有的种类有 2 条尾鳃,有的种类尾鳃呈囊状,这是它的呼吸器官。这个呼吸器官还有推动豆娘的身体前进的作用,就像摇橹推动船前进一样。尾鳃的作用如此之大,豆娘稚虫总是尽力保护它免受伤害。但

图3-2　爬出水面

图3-3　羽化

图3-4　舒展翅膀

凡事总有例外,在豆娘稚虫的生长过程中,会面临很多危险,也许在惊慌失措中,尾鳃就会受到伤害而脱落。但是不要紧,等它们蜕皮以后会再生出新的尾鳃。

豆娘稚虫的颜色通常为暗绿色,常附在水草上一动不动,等待猎物经过,迅速将其捕获。有的豆娘稚虫还会将浅层的泥沙覆盖在身体上,只露出它的头部捕捉猎物。

豆娘稚虫比蜻蜓稚虫发育快,有些豆娘稚虫需要 1 年多发育为成

图3-5 豆娘

虫,有些豆娘稚虫只需要几个月就可发育为成虫。即使如此,豆娘仍然以水栖稚虫的状态度过它们生命中的大部分时间。在这短暂的时间内,它们的身体要蜕11~15次皮,每次蜕皮都会长大一些。多次蜕皮后爬出水面,要么在岸上、要么在水草枝上,脱掉身上的最后一件外衣后,变成美丽的豆娘。刚从外壳里爬出来的豆娘体色较浅,体壁柔软,翅膀皱缩在一起。然后翅膀慢慢地舒展开,直到完全伸展,覆盖在身体上。身体颜色也慢慢变深,体壁也变得坚硬,过一会儿它就可以飞了。

父权斗争

在繁殖之前10天左右的时间里,雄豆娘需要占据一片领地,一般为一片开阔的水域,可以供雌豆娘产卵。雄豆娘需要经常巡查和保卫自己的领地。雄豆娘由它们细长的身体末端体节来产生精子,然后将精子运送到位于雌豆娘胸部后方腹部下面的贮精囊中。这个运输过程是通过将腹部弯成环状,然后把其端部折回到贮精囊的开口处来完成的。而雌豆娘也会积极回应,默契地将腹部弯曲,与雄豆娘连接,形成了浪漫的心形图案。

图3-6　豆娘交尾

为了留下自己的后代,雄豆娘之间的"精子竞争"更是十分激烈。它们的性器官也在为保卫自己的父权斗争中起到了十分重要的作用。雄豆娘的生殖器结构十分奇特,不仅形状与雌豆娘的贮精囊很匹配,而且在其端部有一根形状像铲子的鞭毛,这是在释放精子前首先发挥作用的"工具"。雄豆娘首先做出一阵有节奏、像是用气筒打气般的动作,直到鞭毛到达雌豆娘的贮精囊,然后用这根鞭毛清理干净雌豆娘先前与另外一只雄豆娘交配后遗留下来的所有精子。对于某些种类的豆娘,这个行为占据了它们整个交配过程90%的时间,一般持续大约几个小时。只有当雄豆娘彻底将其配偶贮精囊里的精子全部清理出去以后,它才会释放出自己的精子。

类群特点

豆娘又叫小蜻蜓，体长 3.0~3.5 厘米。与蜻蜓相比，它的胸部以上部分既细又长，前后翅大小一致，称为均翅；足粗大且长。豆娘最明显的特点是头部的两侧长有 2 只巨大的复眼，两眼的距离大于眼的宽度，仿佛 2 只大灯笼，显得十分突出。

图3-7　像灯笼一样的复眼

豆娘属于蜻蜓目、均翅亚目，全世界已知有 3000 余种。豆娘的飞行完全可以与进行特技飞行的飞机相媲美。它们的翅肌质量超过了其体重的 3/4，而这些肌肉正是它们 4 个宽大翅的动力源泉。不过，与蜻蜓相比，豆娘的飞行能力还是弱一些。在停歇时，豆娘大都会双翅合并束置在胸的上方，而蜻蜓则四翅平展在身体的左右两侧。豆娘与蜻蜓一样，成虫一般习

图3-8　豆娘捕食蜉蝣

图3-9　豆娘被蜘蛛捕食

惯在稚虫(水虿)栖息的水域附近活动、觅食、求偶、产卵。豆娘是肉食性昆虫，它们擅长捕食空中的体型微小的飞虫，偶尔也会捕捉一些稍大一点儿的昆虫，比如同样在水边飞舞的小蜉蝣。豆娘捕食的大部分昆虫都是危害农作物的害虫，因此，豆娘也是农业上的重要益虫。但俗语云"螳螂捕蝉，黄雀在后"，豆娘在"为民除害"的时候，有时候却会"身陷囹圄"，成为蜘蛛的猎物。

能消化木材的白蚁

昆虫名片

中文名:白蚁

分类地位:蜚蠊目 Blattaria

体长:4~25 毫米

世界已知种数:3000 余种

中国已知种数:540 余种

分布:热带、亚热带地区

在非洲大草原上让人印象最深的除了勇猛的狮子和笨重的大象,还有那些高达六七米的白蚁巢。如果说蚂蚁建造的是规模宏大的地下宫殿,那白蚁建造的就是雄伟壮观的地上城堡。

图4-1(①~⑤) 雄伟壮观的地上城堡——白蚁巢

神奇的地上城堡

在每个白蚁"城堡"里面，许多用途不同的小"房间"由四通八达的通道连接。位于"城堡"深处的是白蚁的"王宫"，身躯巨大的蚁后就住在里面。它像一部巨大的产卵机器，每天至少要产30000枚卵。负责保卫"城堡"的是勇敢好战的兵蚁,它们因武器不同分为两种,一种长有一对像大刀一样的大牙,另一种长有可以喷射毒液的刺锥。一旦有敌情,它们便会蜂拥而上,宁可战死也决不后退。工蚁个个都是杰出的"建筑家",它们从地下挖出泥土,然后用唾液或粪便将泥土胶结起来,用以堆积成高大结实的"城堡"。为了使"城堡"保持一定的温度和湿度,工蚁还在"城堡"中修筑起像烟囱一样的通风道,始终使"城堡"内的温度保持在29℃左右,其功能就如同一个空调系统的输送管,可以将白蚁和它们的"真菌花园"所产生的热气和二氧化碳排放出去,代之以新鲜的氧气。当干旱季节来临的时候,工蚁又会将洞打到深深的地下,吸足了地下水后返回到"城堡"里,将水喷洒在墙壁上。这样做既可以降温,又可以增加"城堡"内的湿度。

白蚁的家族通常巢群或巢居,是所有动物中最复杂而先进的家庭组织,并且是以一夫一妻的单配制为基础的。经过产卵、繁殖、发育、分化,形成集团即巢群,每一巢群的个体数,往往可增殖到几十万只,有时超过100万只。有些种类在一个巢群中只有一对蚁王和蚁后,有些种类有几对。它们过着真正意义上的婚姻生活,而不是像蚂蚁和蜜蜂那样仅有短暂的婚飞,在许多年以后,一对白蚁夫妇仍然在继续交配。工蚁占群体中极大部分,它们的任务是保护卵及幼虫、采集食料、对其他个体成员进行哺喂给食、清洁筑巢等。而兵蚁,由于有大型上颚,所以主要承担对敌防御工作。

图4-2 繁殖蚁

图4-3 工蚁

能消化木材的白蚁

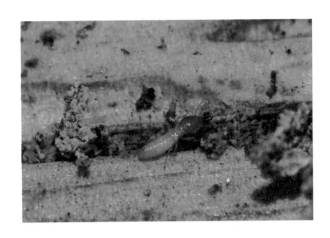

图4-4　兵蚁

消化纤维的白蚁

还有一些生活在木材中的白蚁,它们是比较原始的昆虫,具有吃木材的能力。但只有视力退化的工蚁才大量咀嚼木材,并且把获得的食物从它们的嘴中吐出或从肛门中排出,喂养白蚁群中的其他成员。有趣的是,当白蚁想吃木材的时候,可以根据木材的颤动来决定吃哪一根。白蚁更喜欢吃小块的木材(如家具)而非整棵大树。白蚁咀嚼木材的时候会发出"噼啪"的响声,并将这种刺激信号传遍全身,用以显示木材的类型和大小。

白蚁就像微型的牛,用具有多复室的胃来分解纤维素。它们的肠道里含有200多种微生物,由于这些微生物的存在,喜欢啃咬木材的白蚁把大量木质纤维素食物吞下肚后就能消化,并且转

图4-5　木栖性白蚁巢

化为能量。但是,这类微生物在消化分解纤维素的过程中,会产生一种副产品——甲烷,也就是平常人们所说的沼气。

进入20世纪80年代后,全球气候逐渐变暖,不少地区出现了奇特的暖冬现象,这给人类社会带来了一系列的不良后果。是什么原因使全球气温升高呢? 原来,除了因人类活动而不断增加的大气中的二氧化碳含量,以及厄尔尼诺现象等因素外,昆虫家族中的白蚁居然也对气候变暖有推动作用。如前所述,白蚁消化分解纤维素的过程中产生的甲烷在较低的大气层里,经过反应后能够形成二氧化碳,而大气中的二氧化碳增加,会导致地球表面的热量不易散发,形成"温室效应",导致气候变暖。

类 群 特 点

白蚁的体形较小或中等,体软,通常长而扁,呈白色、淡黄色、赤褐色或黑色。头式为前口式或下口式,能自由活动。口器为典型的咀嚼式,触角念珠状。我国的古书(如《尔雅》、刘向《说苑·谈丛》、郭义恭《广志》等)中所列的蚁、蛆、螱、蜜、木蚁等名称,都把白蚁与蚂蚁混为一类。白蚁之名始见于苏轼《物类相感志》,可见从宋代开始,古人才把蚂蚁与白蚁明确区别开来。直到现在,还有很多人把蚂蚁和白蚁混为一谈,认为白蚁为白色的蚂蚁。其实,白蚁和蚂蚁的区别大着呢! 在分类学上,白蚁比蚂蚁要原始得多,白蚁属于蜚蠊目,而蚂蚁是膜翅目昆虫。在变态类型上,白蚁属于不完全变态昆虫,其成长过程经过卵、幼虫(若虫)、成虫共3个阶段,不经过蛹的阶段,且幼虫和成虫相似。生殖型白蚁成熟后每天产卵多达数千粒,蚁后一生产卵可达数百万粒。繁殖个体能活6~20年,并经常交配,白蚁的工蚁、兵蚁都包括雌雄两性个体。蚂蚁是完全变态昆虫,它的一生经过了卵、幼虫、蛹、成虫共4个阶段。蚂蚁的工蚁都是雌性个体。在外部形态方面两者也有显著区别:白蚁腹基部较粗壮,蚂蚁腹基部极细,胸腹间有明显区分。

　　千里之堤,溃于蚁穴。白蚁危害范围很广,几乎对各种各样的物品都能造成直接或间接的破坏。白蚁危害严重时,受灾农村地区的房屋,几乎十室九蛀。江河堤防,也由于白蚁侵袭,常常溃决成灾,使大量生命财产毁于旦夕,造成的危害比洪水和火灾加起来还要大。因此,世界各国对白蚁灾害极度重视,在防治和研究方面做了大量工作。

图4-6　白蚁对木材书籍的破坏

带刀侍卫——螳螂

昆虫名片

中文名:螳螂　　　　　　世界已知种数:2380 余种

分类地位:螳螂目 Mantodea　中国已知种数:近 170 种

体长:通常 5~10 厘米,最长　分布:热带、亚热带和温带

的可达 16.5 厘米　　　　　的广大地区

在昆虫世界里,螳螂应该称得上是勇猛的斗士。它属于肉食性昆虫,看似温柔娴静,实则凶狠残暴。它的模样也生得很怪:在长长的颈部上面顶着一个能180°旋转的三角形的头,头顶上生有一对丝状触角,还长着一对由上百个晶体状单眼组成的复眼,显得巨大、发达且向外突出,使它能及时观察到四面八方的猎物。只需 0.01 秒它就能察觉在它眼前活动的猎物,然后突然用它那大刀般的前足

图5-1　爪哇斧螳

猛地狠狠一击,迅速将猎物活捉。蝉、蛾、蟋蟀、蝗虫、苍蝇、蚊子等一瞬间就统统成了它的美餐。

捕 食 能 手

一般情况下,螳螂会静静地待在植物上,长长的前足在胸前高高举起,犹如刀斧手高举着大刀,随时做好战斗准备,所以螳螂得了"带刀侍卫"的名号。在前足的内侧,还生有许多锐利无比的锯齿状尖刺,非常适合把捕捉到的昆虫挟在前足的腕里牢牢压住。猎物只要被它捉到,就休想逃掉。螳螂的中后足较细长,与威猛的前足很不相称。

螳螂是捕食害虫的能手。不仅成虫捕食害虫,刚孵化出的幼虫也具有

图5-2　棕污斑螳

图5-3　螳螂捕食

这种本领,因此,螳螂被称为"世界昆虫之虎"。由于螳螂是重要的天敌昆虫,从农作物保护、降低农业成本角度考虑,利用螳螂进行农作物病虫害防治是一种很有价值的方法。

不捕食的时候,螳螂总是抬起头,2只长长的前足收拢在胸前,神情温柔。这个姿势,就像虔诚的教徒祈祷的模样,仿佛请求上帝原谅它的罪过,因此也引发了许多神话与迷信。在欧洲,人们都叫它"会祈祷"的昆虫。在德语里,"螳螂"的意思就是"祈祷的信女"。在美国,至今还有不少人认为看见螳

螂会有"好运气"。古希腊人更是相信螳螂具有超自然的力量，尊称它为"占卜者"。我小的时候，在农村很容易就会碰到螳螂，虽然我们没见过螳螂吃虫子，也不知道它是益虫，但大人们告诉我们，螳螂会算卦，所以我们就把它当神一样供着，从来没有伤害过它。每当我们看见一只螳螂，我们就会对着螳螂说："螳螂螳螂，哪里有鬼？"螳螂就会转动它的大脑袋然后停在一个方向，这时我们再问："螳螂螳螂，哪里有坏人？"螳螂又会转动

图5-4　广斧螳螂

它的大脑袋指向另一个方向。我们并不在乎那个地方是否真的有鬼或有坏人，但因为它总有一个指向，所以我们非常崇拜它，觉得螳螂很神。

螳螂的生活

　　螳螂的变态类型为渐变态，一生经过卵、若虫、成虫共 3 个阶段，不经过蛹的阶段，所以幼虫期的形态和生活习性与成虫相似。

　　每年 7—10 月为螳螂成虫的陆续发生期，若虫最后一次蜕皮后就变为成虫，再经过 10~15 天雌雄成虫就可进行交配了。不过，新婚之夜对雄螳螂来说可不是什么好事，极有可能是它在这个世界上的"最后一夜"。当雄螳螂和雌螳螂的交媾正在进行的时候，体形较大的雌螳螂就将它的"丈夫"当作食物吃起来！更为奇特的是，雄螳螂却因此进化出了一种能力，在交配时即使整个头部都被雌螳螂切了下来，也不会影响交配的继续进行，仍

图5-5　中华大刀螳交尾

能顺利完成授精。因为它的生殖钩还留在雌螳螂的体内，而控制雄螳螂交配行为的神经中枢不在大脑而在胸神经节和腹神经节。

　　其实，螳螂是食欲旺盛、六亲不认的食肉性昆虫。不论是雄螳螂还是其他昆虫，不管是"亲朋好友"，也不论是否有"夫妻之情"，只要它落在雌螳螂的捕食视线之内就有可能成为"刀"下之鬼。有时，雄螳螂好像深知其"妻"的残酷，想交配时会小心迂回到雌螳螂的背后，突然扑到雌螳螂背上开始交配，以避免被雌螳螂的"大刀"触及，成为交配后的牺牲品。因此，只要善于在交配后使用合理的脱身之计，雄螳螂是能够幸免于难的。

　　雌雄成虫交尾后两天，雌螳螂就可以产卵了。产卵时，雌螳螂一般头朝下，用它的中后足紧紧抓住附着物，腹部先分泌出一层泡沫状的黏胶，然后在黏胶上产一些卵，然后再分泌一层黏胶，再产一些卵，直至产完最后一粒卵为止。泡沫状黏胶很快凝固，形成坚硬的卵鞘，这就是"桑螵蛸"，是雌螳螂为了保护后代而建立的一套防护措施。

小螳螂孵化是一件非常有趣的事情。一颗螳螂的卵鞘可以孵化出数百只小螳螂。刚孵化的小螳螂颜色很浅，非常柔弱，非常可爱。到了孵化高峰，上百只小螳螂都从卵鞘中往外涌，密密麻麻地堆在一起，然后慢慢散开，各自寻找自己的出路。

图5-6　桑螵蛸

螳螂若虫出世的时候，除了身体较小、没有翅以外，整个形态都酷似它们的父母。螳螂若虫也以其他昆虫为食，经过8~9次蜕皮，便发育成为成虫，再按照它们父母的方式繁衍生息。

图5-7　螳螂孵化

图5-8　刚孵化的小螳螂

神奇的伪装

螳螂的伪装在昆虫世界里也是出了名的。那些经常生活在绿色枝叶上的螳螂，它们身体的颜色都是呈绿色的；那些经常出没于褐色枝干上的螳螂,它们身体的颜色则是褐色的。

螳螂不但努力使自己的体色和生活环境保持一致,还极力从形态上模拟周围的环境。枯叶螳螂是一种形体十分奇特的螳螂。它的胸腹、胫节、腿节长成叶片和突起的形状,看上去就像一片枯树叶,不但形态模仿得惟妙惟肖,就连树叶上的叶脉也模仿得丝毫不差。若不是看到它在树上缓缓移动,真不敢相信这片"树叶"竟然是一只昆虫!树枝螳螂也有同样的视觉效果,不管是身体还是足,都像枯树枝一样,尤其是2只前足收拢在胸前时,特别像2根小树枝。

图5-9　枯叶螳螂

图5-10　树枝螳螂

图5-11　兰花螳螂

兰花螳螂身体呈粉红色,不但身体长得十分像花瓣,就连那2只令人生畏的前足,也模拟得同花瓣极其相似。兰花螳螂的中后足也呈花瓣状,翘翘的腹部也模拟了花瓣,远远看上去就像是一朵美丽的花。当它隐身于花丛中时,哪个是花,哪个是虫,真是令人无法分辨。一些采食花蜜的昆虫,被这朵"鲜花"所吸引,前来采蜜,却万万没有想到竟会自投罗网,葬身于这朵"鲜花"挥动的两把"大刀"之下。

行走的竹枝——竹节虫

世界上最远的距离，不是我站在你身边，你却不知道我爱你；而是你走进热带和亚热带的丛林里，有一种昆虫就在你身边，你却不知道它在哪儿。这种昆虫就是竹节虫。

竹节虫的名字十分形象地描述了它的形态。它的身子呈直杆状，3对细长的足紧紧地贴在身体的两侧，上面还有像竹节似的分节。当它停栖在竹枝上的时候，看上去就像是一

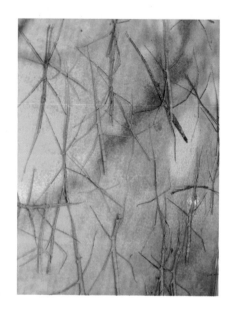

图6-1　行走的竹枝——竹节虫

小节竹枝。这样一来，就算你已经到了它的面前，也无法将其找出来。不同种类的竹节虫体色各异，多为绿色或暗棕色，并且带有黄色的斑点，与竹枝、竹叶的颜色十分相近，使其更加真假难辨。有趣的是，即使在交配的时候竹节虫也不会忘记伪装。它们不像其他昆虫那样，雄竹节虫爬上雌竹节虫的体背上交配，而是雌雄尾部相接，头部向着相反的方向，两虫连成一条直线，看上去仍然像是一根竹枝，因此竹节虫在英语系国家又被称作"walking-stick"（行走的枝条）。

神奇的伪装术

竹节虫不但外观上长得像竹枝，而且在生态习性方面也能模拟得惟妙惟肖。它生性反应迟钝，白天静静地趴在树枝上，长时间地一动不动，只将

胸足伸展开，有时会微微抖动，可以持续半小时或者更长的时间，看上去就像是在微风中抖动的竹枝一样。

竹节虫有了这样能和周围环境融为一体的伪装服和如此高超的伪装术，像鸟类这样的天敌是很难找到它的。到了夜间，竹节虫才慢慢地爬出来活动取食。竹节虫虽然栖息在竹林里，但是它却不喜欢吃竹叶、竹枝，而是在夜间离开竹枝，爬到周围的蔷薇科植物上去吃一些叶子，天亮以前再返回到竹枝上。竹节虫的食量也不大，只要稍微吃点东西就够了。这样，它就不会因为吃得太

图6-2　竹节虫的伪装术

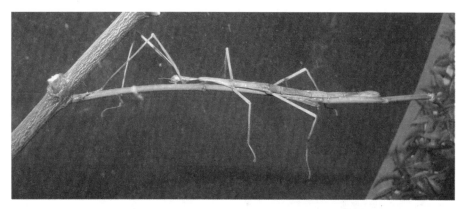

图6-3　静静趴在树枝上的竹节虫

多,使肚皮胀大,而失去模仿竹枝的效果。

装死也是竹节虫的本领之一,在遇到突发情况或受到惊吓时,它会主动从树枝上掉下来,同时将6只脚收拢在身体下方,一动不动地装死,这种姿势它可以保持几分钟甚至更长时间,几乎不露任何破绽。一旦感觉危险解除,它便会慢悠悠地爬上树,又去树上冒充竹枝去了。

在竹节虫的前胸有2个特殊的腺体,有些竹节虫遇到敌害时会喷射出分泌物。这种分泌物对天敌有一定的毒性。而有些竹节虫则会散发出一股很怪的气味,并把这种气味喷到自己身上,使天敌望而却步。

如果真的躲不过了,竹节虫还有最后的求生手段——断足求生。当它被天敌抓住一只脚的时候,它会果断地拽断这只脚,然后逃走。如果是未成年的竹节虫,这只脚在下一次蜕皮的时候会再长出来,不过要比正常的脚小一点儿。如果是成年竹节虫,断肢就不会再长出来了,

图6-4　幽灵竹节虫(雄)

但活命才是最重要的。

　　幽灵竹节虫被称为"世界上最丑陋的昆虫"。它的身体像一截枯竹枝，它的脚像一片干枯的叶片，而且浑身上下，包括头部都长满了尖刺，看上去很可怕，有时候它还会把腹部弯曲伪装成蝎子来吓唬天敌。当然，这是雌性幽灵竹节虫的特征。雄性幽灵竹节虫的体型小巧而细长，并且具有能盖住腹部的细长的翅，是可以飞行的。幽灵竹节虫也具有神奇的孤雌生殖特性，但它也可以进行两性生殖。

图6-5　幽灵竹节虫（雌）　　　　　图6-6　幽灵竹节虫在交尾

奇特的生殖方式

　　竹节虫的变态类型为渐变态，一生要经过卵、若虫、成虫共3个阶段。雌雄交配后，雌虫产的卵散落在地上，卵被包于坚实的囊内，形似种子。雌性竹节虫一生可产400~700粒卵，卵期长，温带种类常以卵越冬，经过差不多2年的时间才孵化。卵孵化后，若虫发育缓慢，完成1个世代常需1年多的时间，经3~6次蜕皮后，才能变成成虫。若虫与成虫之形态和生活习性都差不多，只是若虫的翅发育不完全，生殖器官尚未成熟，每次蜕皮后其翅和生殖器官才逐渐发育生长。

　　在环境恶劣的情况下，有些竹节虫还可以进行孤雌生殖。就是没有雄性配偶的情况下，雌性不需要与雄性交配，便能产下后代。这种情况下产生的后代都为雌性。科学家们曾经在美国西海岸发现了一种依靠孤雌生殖方式延续了100万年之久的竹节虫。由于没有雄性，它们的群体就是一个不折不扣的"女儿国"。并不是所有孤雌生殖的竹节虫群体都是"女儿国"，有些竹节虫既可以进行孤雌生殖，又可以进行两性生殖。两性生殖产生的后代雌雄都有，而孤雌生殖因为卵没有受精，所以产生的后代都是雌性。

图6-7　绿椒竹节虫（雌雄）

对人类的贡献

竹节虫在人类对昆虫翅的研究上具有重大意义。科学家们发现，某些种类的昆虫在进化过程中，失去翅膀后又会重新获得飞行的能力。这一现象表明，达尔文的进化论本身也许需要进化了。从前，科学家们一直认为进化过程是不可以逆转的，因此像翅等复杂的身体结构不可能失而复得。但是竹节虫的情况证明事实正好相反。科学家们在分析 35 种竹节虫的DNA 后发现，在数百万年的进化历史中，某些竹节虫的翅多次失而复得，这种反复的进化现象至少出现了 4 次。科学家们一度认为身体特征失去后无法恢复，是因为创造这些特征的基因已经改变了。通过对竹节虫的研究，科学家们认为，创造翅和腿的基因指令也许是相联系的，可能在数百万年的时间内按需开关。他们还怀疑，这种进化现象可能在其他物种身上也发生过，其中包括蟑螂等昆虫，也许还有昆虫王国之外的更高级物种。

037

伪装大师——叶子虫

```
                    昆虫名片

中文名:叶子虫               世界已知种数:30余种

分类地位:䗛目 Phasmida、     中国已知种数:10种

叶䗛科 Phylliidae          分布:亚洲的湿润热带地区

体长:6~10厘米
```

　　俗话说,眼见为实,耳听为虚。生物界不少例子说明并非如此,昆虫界尤为明显。你看见了一根树枝,它有可能是尺蠖,也有可能是竹节虫;你看见了一朵兰花,它有可能是兰花螳螂;你看见了一只勤劳的蜜蜂,它有可能是一只忙碌的食蚜蝇;等等。这就是生物界中最引人注目的拟态现象。然而,把拟态现象运用极致的非叶䗛莫属了。怎么看都像一片叶子的叶䗛,属于䗛目(䗛目的学名源于希腊语,意思是形状像怪物一样),和竹节虫同属一个目,竹节虫也称为杆䗛。它们之间在生物学特性和生活习性上有很多相似的地方,但是它们的外形却差别非常大,唯一相同的就是它们都会拟态!过去,也有把䗛目叫作竹节虫目的,但是一看到这个名字,人们大多想到的是竹枝状的杆䗛,要跟叶䗛联系起来还是挺难的。䗛目是昆虫纲中

很小的一个目,过去很长时间中科学家们都将这类昆虫放到直翅目中。随着对这类昆虫的不断深入研究,20世纪70年代科学家们终于把它们独立出来,作为一个目来看待。

图7-1 极致运用拟态的叶䗛

形 态 特 征

　　叶䗛还有另外一个名字,大家都喜欢叫它叶子虫。我也喜欢这个名字,觉得叶䗛太学术化了,叶子虫更能表现它的形态。叶子虫模拟叶子简直达到了登峰造极的程度,它的身体扁平像一片叶子,而且叶子的主脉和侧脉非常明显,就连叶子边缘的枯黄、卷折,还有叶子上的霉斑都模仿得惟妙惟肖,小小的头部很像叶子的叶柄。6条腿也特化成了叶子状,像6个小叶片。白天,它们基本都是静静地待着,一动不动。而且,叶子虫会根据叶子的颜色来变换自身的颜色。这样的叶子虫怎么可能会让天敌发现呢?

图7-2 模拟叶子的叶子虫

因此叶子虫也被称为"昆虫界的伪装大师"。

叶子虫为雌雄异形。雌雄异形,顾名思义,就是雌性和雄性长得不一样。昆虫的雌雄异形现象曾经给人们造成很多的困扰,早先由于存在分类资料少、野外采集没有跟室内饲养相结合等情况,人们常常会把同种昆虫的雌雄两性定为不同的物种。不过,随着研究的不断深入,在全世界分类学家们的努力下,这种现象基本很少发生了。雌性叶子虫体型较大,身体扁宽,触角较短,呈棒状。而雄性叶子虫身体较细长,触角较长,呈丝状。叶子虫产的卵也有精妙的伪装,像一粒粒植物种子散落在地面上,并在地面上孵化。叶子虫也可以孤雌生殖,没有雄性的情况下,它们也可以独自繁衍后代,只不过后代都是雌性而已。

生 长 发 育

叶子虫是不完全变态的昆虫,若虫和成虫长得很像,只是翅没发育完全罢了。和成虫一样,若虫也是咀嚼式口器,以植物为食。不过刚孵化的若虫可一点儿都不像叶子,身体很小,红黑色,倒像一只小蚂蚁。而且一点儿也不像大龄若虫和成虫那样懒惰,它们喜欢在叶子上爬来爬去,爬行的速度也和蚂蚁差不多。有时候它们也会卷起腹部,模拟小蝎子来吓唬侵犯它们的敌人。当它们蜕掉第一层皮成为2龄若虫时,它们的体色便变成了叶子一样的绿色,也不像刚出生时那么活跃了,开始了模仿叶片的生活。若虫大约需要经过几个月才能变成成虫,在此期间,需要进行3~7次的蜕皮,蜕皮次数根据不同的种类而有所不同。很多种类的叶子虫雌虫比雄虫要多蜕1次皮。到了蜕皮的时间,若虫便将自己悬挂在植物的枝条或者叶片上,先是皮的背中线裂开,然后头部从背中线伸出来,接着是伸出胸部和足,最后是腹部。等身体全都从皮中出来以后,叶子虫就长大1龄了。如果若虫的足还没有从皮中出来,这时候因为某些原因,皮就从树枝上掉下来的话,这只若虫基本上就活不了了,因为若虫再也没有力气把足和腹部从皮中拔出来了。刚蜕皮的若虫非常柔软,经过几小时就会变得强壮起来。很多叶子虫蜕皮之后,会吃掉自己蜕下的皮,大概是就近取食的缘故吧!

图7-3(①~④) 叶子虫的发育过程(①交尾;②产卵;③刚孵化的若虫;④大龄若虫、成虫)

类 群 特 点

　　叶子虫的种类较少,从1754年林奈描述了第一种叶子虫到现在,全世界被命名的叶子虫有30余种,主要分布于亚洲西起塞舌尔、东至新几内亚岛的湿润热带地区。我国已知有10种叶子虫,主要分布在云南、贵州、广西、广东、海南、江西及西藏共7个省和自治区。虽然叶子虫以植物叶子为食物,表面上看对植物有一定的危害,但是因为叶子虫的种类和数量都很少,对于植物叶子的伤害几乎达不到危害植物的水平,所以也不能因为它的食性就把它定义为害虫,这样好像对它不太公平。而且因为它奇妙的外形和伪装术,目前将叶子虫作为宠物饲养也成了一种时尚,一看到它的长相人们就会感到惊喜不已。

图7-4　叶子虫进食

　　拟态和保护色只是叶子虫最基本的防御技能,摆动和假死也可以使它们免受天敌的攻击。与竹节虫类似,很多叶子虫的若虫和成虫都会左右摆动自己的身体,有时候甚至可以连续摆动半小时以上,怎么看都像一片摇曳的叶片。受到惊扰时,它们会假装死亡、一动不动。试想哪只鸟儿愿意吃一只死掉的虫子,何况它一装死就更像一片叶子了,鸟儿哪分得清哪一片是叶子、哪一片是叶子虫！有些叶子虫也会分泌有毒物质,它们的前胸有 2 个特殊的腺体可以喷射出分泌物来对付天敌,在天敌愣神的一瞬间赶紧逃跑。

图7-5 考考你,有几只叶子虫

伪装大师——叶子虫

"花姑娘"斑衣蜡蝉

昆虫名片

中文名:斑衣蜡蝉　　　　中国已知种数:1种

分类地位:半翅目 Hemiptera、　分布:我国华北、华东、西北、

蜡蝉科 Fulgoridae　　　　西南、华南以及台湾等地区,

体长:15~22 毫米　　　　国外见于日本、越南和印度

世界已知种数:1种　　　　等地

　　燥热的夏日里,人们在街道上遛弯,或者在公园里散步的时候,往往会在臭椿树、榆树和洋槐等树的树干上,或者在树下看见美丽的"花姑娘"。能被亲切地称为"花姑娘",可见斑衣蜡蝉的长相是多么俏丽可爱,又加上它的若虫和成虫都喜欢蹦蹦跳跳的,所以也有人叫它们"花蹦蹦儿""跳棋子儿"。不过,刚孵化出来的若虫并不是很漂亮,而是有点庄严,从头到脚全身黑色,只是点缀着一些白色的小点。4月底的时候,你有可能见到庄严肃穆的"花姑娘"若虫。经过3次蜕皮以后,除了腿脚之外,它的身体就会穿上红底并镶嵌白点和黑纹的小花衣。等它羽翼丰满发育为成虫的时候,它就会穿上蓝灰色的外衣,这是它的前翅;而内衬,也就是它的后翅,是

镶有黑点的鲜艳的红色。它飞起来的时候便会露出艳丽的后翅，甚是美丽。孩子们喜欢捉花蹦蹦儿玩，比赛谁的花蹦蹦儿跳得远。

图8-1　斑衣蜡蝉成虫展翅

生 活 习 性

斑衣蜡蝉拥有艳丽的后翅并不是为了让人赏心悦目，而是一种自我保护的手段。等遇到敌人侵犯时，它会突然张开前翅，露出鲜艳的后翅，吓对方一跳，趁着敌人愣神的时候它便迅速逃离。不过这一招可吓不到孩子们，反而让他们觉得新奇好玩，于是便会追着斑衣蜡蝉玩耍。

斑衣蜡蝉喜欢聚在一起，而且常在寄主臭椿树的枝干上列队而行，十

图8-2　在臭椿树上列队的斑衣蜡蝉

"花姑娘"斑衣蜡蝉

分整齐。只要有一只在瞬间弹跳飞走，其余的就好像得到了什么号令似的，旋即一个个离去。有时它们也在枝干上互相追逐，绕着枝干转圈。

斑衣蜡蝉是靠吸食植物的汁液而生存的，对臭椿树、枫树、榆树、洋槐等多种树木和果子有危害性。尤其是若虫喜欢栖息在臭椿树上，将它的刺吸式口器插入植物组织的深处，吸食树汁。它刺吸造成的树木伤口中常流出较多的树汁，引来蜜蜂和苍蝇等虫类舐食，因此会诱发树木的煤烟病，影响树木的生长。

斑衣蜡蝉还有一个俗名叫"樗鸡"，因为它不蹦跳的时候总是翘首垂尾，像一只昂首啼叫的公鸡。"樗"是臭椿树的别称，可见斑衣蜡蝉最喜欢的寄主植物就是臭椿树啦。翘首垂尾不是为了优雅美丽，而是不得不这样，因为斑衣蜡蝉有一根长长的刺吸式口器向下伸出，又不能弯曲，取食的时候只有把头抬起来，口器才能伸入树皮，取食植物汁液。实际上，"樗鸡"是斑衣蜡蝉入药的名字，原来斑衣蜡蝉还是一种药用昆虫呢！成虫经蒸、

图8-3　翘首垂尾的斑衣蜡蝉

烤致死或晒干后是可以入药的。《神农本草经》首次记载了樗鸡，《本草纲目》《中华本草》都对其功效进行了记载。希望随着对这种药用昆虫研究的深入，将来能将它变害为宝！

生 长 发 育

斑衣蜡蝉生活周期相对比较长，1年只发生1代，若虫共4个龄期。每年4月中下旬时，越冬卵开始孵化；5月上旬时为孵化盛期，从卵中孵化出来的若虫穿着黑色镶白点的衣服。这种不太好看的衣服一直持续到3龄若虫。等到第三次蜕皮，若虫会换上红黑相间并镶有白点的小花衣，这时候可就是真正的花蹦蹦儿了。只要受到惊吓，它们就会蹦跳着离开。若虫

图8-4（①~④） 斑衣蜡蝉的卵块

图8-5　从卵块中孵化的斑衣蜡蝉1龄幼虫

图8-6　斑衣蜡蝉2~3龄若虫

图8-7　斑衣蜡蝉4龄若虫

最后一次蜕皮后即羽化为成虫。从6月中下旬开始出现成虫，雌雄成虫开始寻觅心仪的伴侣，恋爱的过程中，它们的身体会披上一层蜡质，涂脂抹粉，更显妖娆。8月中下旬时，它们就成功进入了甜蜜的婚姻，雌雄成虫开始交尾，之后雌成虫会在树干上产下一连串的卵宝宝。为了保障卵宝宝能够顺利越冬，雌成虫产卵后，还会排出大量的黏液覆盖在卵粒上，可见斑衣蜡蝉妈妈的良苦用心。经历了漫长的冬季以后，到了第二年的4—5月，卵宝宝开始孵化，又一个新的世代开始了。

斑衣蜡蝉害怕阴冷多雨的天气，若初秋时节雨量特别多，可使其成虫寿命缩短，使很多成虫还未产卵就提前死亡，影响到第二年的种群数量。相反，若秋季雨少而气候温暖，则其繁殖数量就多，对树木的危害则加大。

类 群 特 点

斑衣蜡蝉属于半翅目、蜡蝉科，是蝉类的远亲。蜡蝉科昆虫中到大型，美丽而奇特，如龙眼鸡、提灯蜡蝉等。它们的头大，多圆形，有些具大型头突，直或弯曲；胸部大，前胸背板横形，前缘极度突出，达到或超过复眼后缘；中胸盾片呈三角形，有中脊线及亚中脊线；肩板大；前后翅发达，膜质，翅脉到端部，多分叉，并多横脉，呈网状；前翅爪片明显，后翅臀区发达；后足胫节多刺；腹部通常大而宽扁。卵产在植物组织内或表面，常有蜡保护。若虫、成虫均生活在植物上，吸食植物汁液。多数1年发生1代，但有的1年发生4~10代，多以卵越冬，少数以成虫越冬。有的种类分泌蜜露，有蚂蚁伴随。

图8-8　提灯蜡蝉

集体欢唱的蝉

昆虫名片

中文名:蝉

世界已知种数:3000 余种

分类地位:半翅目 Hemiptera、

中国已知种数:近 200 种

蝉科 Cicadidae

分布:世界各地

体长:最长的超过 5 厘米

我的孩童时代是在晋东南的一个小村庄里度过的,那个时候的农村没有电视、手机、平板,更没有 Wifi,孩子们可玩的也就是跳绳、捉迷藏、丢沙包以及跳房子等。但是,在夏季里,我们就多了一项活动——捉蝉。炎炎夏日,在田间忙碌了一上午的大人们都会很累,午饭后要么摇着蒲扇在树下乘凉,要么在通风遮阴的院子里睡午觉,只有贪玩的小孩不知疲倦。这时,我们就会结伴而行,到林间去捉蝉。中午时分是蝉欢唱的高峰时段,它们在杨树枝上拼命地炫耀着自己的好嗓音。我们拿着自制的捕虫网(其实那不能算是真正的捕虫网,顶多是个捕虫袋,就是找一根大约 2 米长的竹竿,用一根铁丝将一个用完的洗衣粉袋子穿好,然后把铁丝固定在竹竿的一头,捕虫袋就做好了),走在乡间的小路上寻蝉。隔着老远就能听见群蝉齐鸣的声音,奇怪的是,蝉好像能看见我们,只要我们走近一棵树,树上的蝉鸣声就会很快停下来,紧接着附近树上的蝉鸣声也会逐渐变小直到无声。因为知道树上有蝉,我们就站在树下仔细观察,果然让我发现一只。这时候我就紧握竹竿,慢慢地将捕虫袋靠近蝉,等到捕虫袋正好到达蝉的身后时,迅速将捕虫袋扣在蝉身上,这时蝉会吓一跳,本能地飞起来,正好钻进捕虫袋里。由于它

图9-1 蚱蝉

有向上飞的本能,所以我就将袋口朝下,迅速收起竹竿,一只手隔着袋子将蝉抓住,再用另一只手伸入袋中捉蝉,一阵手忙脚乱之后才算捉到蝉了。第一次捉蝉都没什么经验,要么是在收竹竿的时候袋口朝上让蝉给飞走了,要么是在袋中抓蝉的时候没抓牢,这时蝉也会鸣叫着逃走。但是这种声音与它在树上的高歌声完全不同,也许是受了惊吓发出的恐惧的声音,也许是重获自由后发出惊魂未定的声音。

　　有时候我们也会捉到一只不会唱歌的蝉,不过那个时候并没当回事,只是觉得奇怪,偶尔也会查看一下,只觉得两者腹部不太一样,但是没有深究。直到上了大学才知道,原来那只不会唱歌的蝉是雌蝉,因为雌蝉没有发声器,所以它们都是哑巴。不过没关系,它们的听力很好,能在众多歌者中找到自己的如意郎君。雌蝉的听器长在腹部。雄蝉之所以歌声嘹亮,是

051

中国科普大奖图书典藏书系

图9-2　蝉的发声器在腹部

图9-3　鼓膜

因为它的腹部生有"发声器"，发声器由盖板、鼓膜、鼓肌和大气囊组成，鼓膜受到振动而发出声音，盖板和鼓膜之间的大气囊，可以起共鸣的作用，所以其鸣声特别响亮。

　　除了捉蝉，我们还会捡蝉蜕。蝉蜕是蝉的若虫在羽化之前蜕的最后一次皮。若虫在暗无天日的地下经过了几个甚至十几个春秋后，终于可以扬眉吐气了。在夏季阳光暴晒、久经践踏的道路上，会发现很多圆孔，与地面相平，直径约如人的拇指。蝉的若虫就是从这些圆孔里爬出，来到地面上，变成成虫的。若虫钻出地面以后，会寻找离它们最近的树木顺着树干往上爬，爬到离地面1米左右时便停下来，准备蜕皮。蜕完皮之后，蝉便沿着树干继续往上爬，一直爬到高处树枝上引吭高歌。蝉基本上在夜间蜕皮，等到第二天早上，就剩下空壳了。每到夏日，家乡的杨树几乎每一棵上都会有好几个蝉蜕，所以，儿时的我们捡到蝉蜕是很容易的事。

图9-4　蝉蜕——知了的壳

后来才知道，我小时候经常捉的蝉是蚱蝉。蚱蝉又名"知了"，因为它们总是"知了，知了"叫个没完。蚱蝉个头最大，歌声高亢而刺耳，并有群鸣的习性，总是恨不得来个万蝉大合唱；如果有一只蝉的歌声停下来，其他的蝉也会慢慢地停下来，"演唱会"便进入中场休息阶段。

类 群 特 点

蝉属于半翅目、蝉科，全世界已知3000余种，我国有近200种，常见的蝉有蚱蝉、蟪蛄和蒙古寒蝉等。蟪蛄是一种体型比较小的蝉，一般五六月就开始鸣叫了。蟪蛄的鸣声没有蚱蝉那么高亢洪亮，可能是因为它个头小吧。因为个头小，所以它的发声器也就比较小，发出的声音自然要小一些。

蟪蛄喜欢居住在离地面比较近的树干上，不像蚱蝉爬得那么高。蟪蛄还具有非常完美的保护色，无论是它的身体，还是翅膀都跟树皮的颜色和纹理非常接近，粗心的人是很难发现它的。

图9-5 蟪蛄的保护色

由于我的单位北京自然博物馆位于天坛公园西门附近，所以午休的时候我经常去天坛公园溜达，下班的时候也会步行穿过天坛，然后乘公交车回家，也经常拿着相机去公园里拍摄昆虫，对那里的昆虫也算是比较了解吧。进入夏季，蝉声也是天坛公园的一大特征，在公园的杨树、松树上经常能看到幼蝉羽化后留下的蝉蜕，裸露的空地上不乏幼蝉离开地面时留下的孔洞。一个夏天的晚上，我和同样喜欢拍照的同事到天坛公园碰运气，看看能不能拍摄到正在蜕皮的蝉。在闷热的天气下，我们拿着手电筒一棵树一棵树地找，终于在1小时以后，发现了一只刚爬到树干上的蟪蚨,我们赶紧架好相机,打好灯光,等待着幼蝉羽化的精彩瞬间。我们还算运气好,5分钟以后,它的皮开始由背部裂开,里面露出淡绿色的身体。头先出来,接着是前足,然后是中后足与褶皱的翅,最后除了腹部末端,几乎整个身体都从壳中蜕出来,悬在半空中。十几分钟之后,它会腾空而起,用足抓住空壳,然后把尾部全部从壳中抽出来,把身体吊在空中。它刚出来的时候翅膀是卷曲的,重力使得翅膀开始慢慢舒展,直到完全舒展,完成了完美的蜕变,整个羽化过程大概历时半个多小时。这时候,马上就要到天坛公园关门(晚上10点)的时间了。我们俩收起相机,急急忙忙跑到公园门口,还好没有被天坛公园留下!

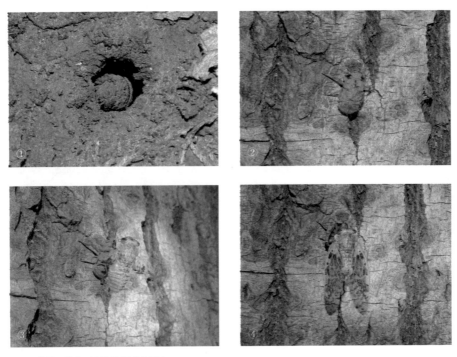

图9-6(①~④) 蟪蛄的羽化过程

生活在泡泡里的沫蝉

昆虫名片

中文名：沫蝉

分类地位：半翅目 Hemiptera、
沫蝉科 Cercopidae

体长：8~16 厘米

世界已知种数：1000 余种

中国已知种数：100 余种

分布：世界各地

　　生活在充满泡泡的世界里是不是一件很美妙的事情？看着五彩缤纷的泡泡在空中飞舞，小朋友们别提多高兴了。泡泡越多、泡泡越大，孩子们就越高兴。是谁发明了让孩子们痴迷的泡泡水我们现在无从考证，不过可以肯定的是，最先发明泡泡水的不是我们人类，而是一种小小的昆虫。它的名字叫沫蝉。沫蝉的世界是被泡泡围绕的世界，除了泡泡还是泡泡，沫蝉在泡泡里吃了睡、睡了吃，过着悠闲自在的生活。在泡泡的滋润下，沫蝉的身体晶莹剔透，像一块天然的璞玉。在阳光的照射下，沫蝉的泡泡也跟小朋友们吹的泡泡一样五彩缤纷，不过比小朋友们吹的泡泡要小多了；但是如果按照身体比例来算，沫蝉的泡泡要比小朋友们吹的泡泡大多了。

055

图10-1　方斑铲头沫蝉成虫

发 现 沫 蝉

早就在书上看到过沫蝉的照片，被一堆泡泡围着的小沫蝉，就像生活在童话世界里的小公主。总想着自己哪天也可以遇到并用自己的相机记录这美丽的画面，但由于北方的沫蝉种类较少，无论是在市内还是野外，多年来我都一直没有遇到过，心中不免遗憾。几年前有次和同事去海南出差，我们住的宾馆附近有一个大公园。正好有空闲的时间，我们就进去逛逛。南方雨水充沛、植被丰富，一年四季都会有很多昆虫，就算在人工痕迹比较明显的公园里也不例外，公园里健身的人们丝毫不会惊扰到它们。许多蝴蝶都是北方没有的物种，还有白蚁，在北方是见不到的。着实拍了不少好照片，心情那叫一个好啊。不过天气炎热也是北方人受不了的，很快我们就有点扛不住了，决定坐到公园的椅子上休息一会儿。公园的椅子基本上都在绿化带旁边。正是这片绿化带让我实现了多年的夙愿——遇见沫蝉。欣赏照片的时候不经意间一回头，看见绿篱上有一摊唾沫状的东西，并不是很好看，反而让人有点不舒服的感觉。开始没当回事，继续低头看照片，但几秒钟之后突然想起来，这是不是就是传说中的沫蝉？心中不禁有点窃喜，于是找了一根小草棍轻轻地拨开了那些"唾沫"，终于发现了那只可爱的小沫蝉，突然觉得那些围绕着它的唾沫状的泡泡也不那么让人不舒服了。之后在不远的地方又发现了第 2 只、第 3 只……近 40℃的高温湿热天气下，我这个昆虫爱好者顶着烈日拍摄了差不多 2 小时，可苦了那位陪我逛公园的同事了。

图10-2　沫蝉分泌的泡泡

泡泡的来历

关于沫蝉的泡泡有很多有趣的故事。14 世纪的欧洲人认为，这些泡沫是杜鹃衔草时不小心滴在树桠上的唾沫，因为这种泡沫出现的时间正好跟杜鹃出现的时间相吻合，后来又发现泡沫里面有一只小虫，所以沫蝉又叫

图10-3　方斑铲头沫蝉若虫

鹃唾虫。而16世纪的一位植物学家坚持认为,这些泡沫是植物分泌的,甚至还列出了一大串会分泌泡沫的植物名录。美国南方的黑人直到19世纪以前都坚信,这些泡沫是由叮咬牲畜的马蝇制造的。沫蝉还有一个颇具想象力的名字叫"吹泡虫",是因为人们看见的沫蝉总是躲在泡泡里,所以就认为泡泡是它吹出来的。

那么,沫蝉的泡泡到底是不是它吹出来的呢?事实上,沫蝉用来掩蔽身体的泡沫是从它腹部下端一个气门开口附近的腺体中排出来的。当这种胶质的腺液和气门排出的气体混合在一起时,就形成了一堆泡沫。沫蝉的这种泡沫,可不是小孩子吹的普通的肥皂泡泡。这种泡沫是由数百个很有韧性的小泡泡组成的,混合了氨和一些脂肪酸,既不会破灭,也不会被雨水冲走,更不会被风吹散,而且抗旱能力极强,不怕被太阳晒干,也不影响空气在泡泡间穿梭。

沫蝉为什么要隐身在泡沫之中呢?原来,它幼年时期身体十分嫩弱,如果暴露在空气中,很容

图10-4　东方丽沫蝉

易干死。还有，它不会飞，跳也跳不远，如果暴露在外，很容易被天敌捕食。为了免受烈日的暴晒，躲过天敌的伤害，沫蝉在千百万年的进化过程中，学会了这种以泡沫掩身的隐身术。这奇妙的隐身术，能使它安全地度过自己的幼年时代。等到沫蝉长大变为会飞会跳的成虫，就再也不需要用泡沫掩身了。

类 群 特 点

沫蝉属于半翅目、沫蝉科昆虫，全世界已知有1000余种，我国有100余种。与蝉一样，沫蝉也是不完全变态类昆虫，即在它们的一生中，并不需要经历大多数昆虫所必须经历的蛹期。大多数蝉需要经历几年甚至十几年暗无天日的地下生活，经10~20次蜕皮才能变成成虫。而雌沫蝉则把卵直接产在幼嫩的枝条上，幼虫只需经历5次蜕皮就能成为成虫。

沫蝉的生活习性与蝉不大相似，反而与长得不太像的蝽象比较接近。沫蝉的身体略呈卵形，背面隆起。前胸背板大，但不盖住中胸小盾片。前翅革质，常盖住腹部。沫蝉有一对跳跃能力很强

图10-5 禾沫蝉

的后腿，可以在面对天敌时像青蛙般一跃而起，然后逃之夭夭。因此，沫蝉在英文中也叫"蛙蝉"。研究表明，沫蝉已经取代跳蚤成为自然界新的"跳高冠军"。沫蝉的后腿肌肉非常健壮，就像随时待发的弹弓，可以在瞬间跳跃后再蓄力。相对身体长度，沫蝉惊人的跳跃能力超过了任何一种昆虫。

沫蝉在起跳前，其后腿如弹射机般蓄力，起跳的初始速度为3.1米/秒，3倍于跳蚤起跳的速度，起跳时承受的力大约为自身体重的400倍！而经过训练的喷气式飞机驾驶员在起飞时最多也只能承受自己体重7倍的力。沫蝉纵身一跃最多只用1毫秒的时间。它身长仅有0.6厘米，但最高跳跃高度可达70厘米，相当于自己身长的100多倍，这大约相当于一个人一跃而起，跳到200层左右的摩天大楼的高度！

图10-6　二点尖胸沫蝉

臭名远扬的椿象

昆虫名片

中文名：椿象

分类地位：半翅目 Hemiptera、
异翅亚目 Heteroptera

体长：1~110 毫米

世界已知种数：40000 余种

中国已知种数：4350 余种

分布：世界各地

我小的时候跟很多小昆虫都交了朋友，只要放了学，就会跟小昆虫玩。无论是在回家的路上，还是在帮家里干农活的田里，我们抓过知了，逮过蛐蛐，跟螳螂聊过天，跟蚂蚱比过跳远……童年里有很多美好的回忆都跟昆虫有关。但是有一种昆虫却是我们敬而远之又避之不及的，几乎每个小朋友都被它给臭到过。它好像无处不在，我们玩耍的时候总会不小心触碰到它，然后就会闻到一股特别刺鼻的怪味。这种怪味在空气中会持续很久，而且只要不洗手，这种怪味就会一直留在手上，直到现在那种怪怪的臭味我还记忆犹新。这种昆虫就是臭名远扬的椿象，因为它奇臭无比，我们也叫它臭蜣、臭屁虫、臭大姐等。这些名字都跟臭气有关，让人一听就会有一种不愉快的感觉。

图11-1 斑须蝽

功能强大的臭味

椿象,也叫蝽,属于半翅目、异翅亚目,全世界已知有40000余种,我国已知有4350余种。常见的椿象有麻皮蝽、斑须蝽、菜蝽等。椿象的身体多为椭圆形,背面平坦,上下扁平。口器长成喙状,刺吸式,不用时则贴置于头部和胸部的下方。椿象的翅很有特点,前翅近胸部处为肥厚的革质状,近尾部处为柔而薄的膜质

图11-2 菜蝽

状,也叫半鞘翅。椿象的足的类型因栖境和食性不同而常有变化:植食性椿象的足基本上是步行足;捕食性椿象的前足基本上是捕捉足,如白眼虫、齿缘刺猎蝽。还有水中生活的蝎蝽、田鳖等,在捕食时它们常常直接将猎物杀死;仰泳蝽和划蝽的后足为游泳足。

我们不禁要问,它们为什么要发出这种臭臭的味道?原来,这是椿象的生存之道。小朋友只是意外闯入,椿象要防的是那些想吃掉它的天敌。当椿象遇到鸟类、蛙类、爬虫类等向它进攻时,便会立即施放臭气进行自卫,对方闻到臭味不敢侵犯,自己乘机逃之夭夭,这也是它们"臭屁虫"名声的来历。椿象散发的臭味还能为同伴发出"集合"或"分散"的信号。椿象充分运用这种"工具",既可以加强自卫,又用来交流"语言"信息,加强同伴之间的通信联络。有一种小麦椿象,在迁移时期,腺体内充满着分泌物,当它们迁移到新的场所、彼此间需要群聚时,即以臭腺散发恶臭当作"集合"信号。而到了越冬时期,这个腺体则大大缩小。

除了具有特殊的防御意义外,椿象发出的臭味还与性的诱惑有密切关系。因为雌椿象和雄椿象之间甜蜜热恋的呢喃细语,就是通过这种臭味来传递的。所以对于椿象来说,这种臭味不仅是让它们心情愉悦的"香味",也是为生存和繁衍后代所必不可少的

图11-3　麻皮蝽

图11-4　白眼虫

图11-5　齿缘刺猎蝽

063

图11-6　蝎蝽

"仙气"。可见香与臭并不是绝对的。

椿象躲在隐蔽处集体过冬。在越冬之前,常常有一大群散发着难以言表臭味的椿象在越冬地附近人家的屋子里到处乱爬,还会落到人的头上、肩膀上或者饭菜上,有时甚至还会钻进被窝里。可以想象,这是一件怎样膈应人的事!

椿象的生活

椿象是渐变态昆虫,一生经过卵、若虫、成虫共3个阶段。所以它的若虫和成虫很相似,只是若虫的翅没长成罢了,它们的生活习性也很像。若虫也能释放臭味,它们有特殊的臭腺孔,里面也藏有臭腺,在这座天然的"臭气仓库"里能分泌一种挥发性的臭虫酸。不过,若虫臭腺的开口位置在胸部背板,它们总是用臭液涂湿整个背面用以自卫。这种液体不仅气味强烈,而且毒性相当强,其臭气程度取决于臭虫酸含量的多少。与成虫最大的不同是,幼虫的"臭气弹"还是进攻性的"武器",有时强烈的"臭气弹"能使被喷的其他小动物的身体在几分钟内被麻痹,有的甚至丢掉性命。当幼虫经过多次蜕皮,长大为成虫后,臭腺开口的位置才转移到胸部的腹面、中足的基节附近。其实,椿象分泌的臭液对它们自身也有毒性,不过它们自带防毒设施。它们的身上有一层石灰质,可以保护它们不会中了自己的毒。

在交配季节,很多种类的椿象也能像蝗虫那样,通过腿

图11-7 离斑棉红蝽

和翅的相互摩擦来发声，或者是通过腹部之间的骨片相互"弹拨"、摩擦来发声，这种声音人耳也能听到。有的椿象身体内有鼓膜器，能像蝉那样通过鼓膜振动来发声。

交配后不久，雌椿象会在树木的叶背产下 70~80 粒卵。卵是有光泽的嫩草色，每粒长约 1 毫米。雌椿象在产卵后马上就爬上去，开始守护。它会把卵藏在自己腹下，使其避开敌害的侵袭，特别是身体细小、喜欢死缠烂打的蚂蚁、寄生蜂等。当这些敌人来袭时，雌椿象首先会转过身体面向敌人，做好防御姿势。当敌人靠近时，它就突然猛烈地挥动翅，利用突然刮起的风来吹跑敌人。如果还是不行，它就会震动着翅，使出最后一招——用臭气来击退敌人。

椿象若虫出生后会继续隐藏在雌椿象的身体下，一般会群集 30~60 只之多。再经过几天之后，若虫能够自己自由行动了，不久它们就三三两两离开母亲，开始外面世界的生命旅程。

除了通过释放臭气来驱赶敌人外，许多椿象，比如荔蝽、金绿宽盾蝽、离斑棉红蝽等，利用身体上的鲜艳的保护色来迷惑敌方，或者利用身上奇特的鬼脸般的图案来威吓敌方。这样一来，那些感受过椿象厉害臭气滋味的捕食性动物一见到椿象身体上的"警告"信号就会自动"退避三舍"，主动放弃进攻。

图11-8　荔蝽

图11-9　金绿宽盾蝽

"最美父亲"——负子蝽

昆虫名片

中文名：负子蝽

分类地位：半翅目 Hemiptera、

负子蝽科 Belostomatidae

体长：18~24 毫米

世界已知种数：160 余种

中国已知种数：近 10 种

分布：世界各地

昆虫具有惊人的繁殖能力，一般一次可产数百粒卵，即使产卵量低的一次产卵也有数 10 粒。而且大部分昆虫一生可以多次产卵，一只蜜蜂一生可产卵达百万粒；一只蚜虫如果其后代全部成活并且能继续繁殖的话，半年后总数可达 6 亿只左右，如此大的数量，不得不让人类为之震惊。正是因为拥有如此强大的繁殖力，所以昆虫的传宗接代靠的是以数量取胜，而不是优生优育。雌成虫产卵以后就会离开，没多久就会死去，卵孵化为幼虫之后只能自力更生，在成长的路上艰难生存。所以，昆虫的成活率并不是很高。

"模范丈夫"

　　但凡事总有例外,昆虫界也有爱护子女的长辈。雄负子蝽堪称动物界中的"模范丈夫""最美父亲"。在负子蝽的家庭中,雄负子蝽几乎承担了照顾家小的所有任务,而雌负子蝽几乎不用干任何事情,只负责把宝宝生在雄负子蝽背上就可以了。

图12-1　雌雄负子蝽

　　雌雄负子蝽经过"谈情说爱"成了"夫妻",建立了家庭。此后,它们便形影不离,雄负子蝽便对"妻子"照顾得无微不至,它不但背负着"妻子"在水中漂游,就连捕食也不用"妻子"亲自动手。雌负子蝽只要趴在"丈夫"的背上,不费一点儿力气,就可以"饭来张口"。

新婚的蜜月过去不久,雌负子蝽就要产卵了,它要把小宝宝产在雄负子蝽的背上,每次产卵基本上能有 40~50 枚不等。产卵之前,雌负子蝽先在雄负子蝽的背上分泌出大量的黏液,然后把产下的卵黏附在它的背上。卵粒间彼此不重叠,借胶状物在雄负子蝽背上黏结成卵块。负子蝽"夫妻"俩好像经过商量一样,配合得十分默契。雄负子蝽一改平时凶猛的姿态,非常温顺地待在雌负子蝽一旁,并把身体背部钻到了雌负子蝽的腹下,让雌负子蝽像骑马似的蹲在雄负子蝽扁平宽阔的背上。雌负子蝽用前足紧紧抱住雄负子蝽的胸部背板,后足撑起身体,腹部末端向下弯曲,将一粒粒卵产在雄负子蝽的体背上。产完卵之后,雌负子蝽就离开了丈夫和孩子,过着独居生活,不久生命就结束了。

"最美父亲"

养儿育女的事情都是雄负子蝽的事情。于是,雄负子蝽便独自承担起养育子女的重担。它背负着众多还未孵化的卵,继续在水中游荡度日。它的背上挤满了卵。这些卵没有花纹,是白色的胶囊形状。一方面如果没有适宜的温度,雄负子蝽背上的卵粒是不能孵化的,而且极有可能会僵化死去。所以雄负子蝽尽量不到寒冷的水中去,并且依靠体内产生的热量,让背上的卵粒在正常的温度中渐渐变化。另一方面,雄负子蝽还要提防水中的各种敌害贪食卵粒,因为有很多吃"荤食"的水生动物都会前来偷袭,

图12-2 背负卵的雄负子蝽

所以雄负子蝽还得时刻准备着与敌害决一死战。

与此同时，背上的卵还要吸取氧气，因为是没发育完全的"胎儿"，身体没有呼吸氧气的器官和本领，如将卵完全浸于水中，则卵会因缺氧而全部突然死亡。所以雄负子蝽每隔

图12-3 "最美父亲"负子蝽

一段时刻必须浮出水面换换新鲜空气，让下一代享受滋润的雨露和灿烂的阳光。在如此辛苦的一上一下浮动中，既要防止背上的卵粒脱落，又要防备水面上的风险和骚扰。雄负子蝽不辞辛劳地上下游动，以保证卵的正常发育。虽然有时惊险异常，但雄负子蝽也常常在水中悠然地回旋游动，轻轻地飘荡着，划着水，让水花不时地溅到卵上，使其湿润。

半个多月以后，卵孵化了，一只只乳白色幼虫出世了，但还要趴在"父亲"的背上生活一段时间。直到它们稍稍长大，有了独立生活的能力，雄负子蝽"父亲"会翘起那对长长的后足，轻轻地把孵出的子女刷落下来，让它们顺利入水。它们也好像理解"父亲"爱护"儿女"之情，还舍不得离去，直到蜕过1次皮、能独立生活后，才能离开"父亲"，各奔东西，自谋生路。这时雄负子蝽才算完成了"妻子"托付的重任。不幸的是，待这一切都结束以后，雄负子蝽的寿命也将告终。

图12-4 负子蝽若虫

类 群 特 点

负子蝽又叫负子虫,属于半翅目负子蝽科,全世界已知有160余种,我国有近10种。负子蝽主要分布于亚洲东南部、东部和南部一带,在我国南方比较多。不过,在北京也分布着一种负子蝽,名叫日本负子蝽。日本负子蝽是分布在北方的一种负子蝽,在寒冷的黑龙江也能见到它的身影。

图12-5　栖于水中杂草上的负子蝽

负子蝽体长18~24毫米,生活在池塘、水田、河渠等水域中,它的中足和后足上长有一排助于游水的毛,这种足也叫"游泳足"。负子蝽的口器又尖又硬,能够刺穿猎物的身体;前足上长有棘刺,如镰刀一般,这是它的捕猎武器,这种足也叫捕捉足。负子蝽常栖于水中杂草上,头朝下,2只前足张开,以中足或后足固着在水草上,静静地等待猎物。由于它的体色暗褐,负子蝽常会被误认为是一片大树叶,当猎物出现的时候,这片"树叶"会以袭击的方式,用前足迅速抓住猎物,然后将口器刺入猎物体内,注入一种特殊的消化液,将猎物"液化",然后再进行吸食。一旦有小动物游过时,它便用前足捉住猎物,并很快地用口器刺入猎物的体内。负子蝽可以捕食蚊子的幼虫、蛹等,是我们人类的朋友。

图12-6　静待猎物的负子蝽

能在"水上漂"的水黾

昆虫名片

中文名:水黾　　　　　　　　世界已知种数:750 余种

分类地位:半翅目 Hemiptera、　中国已知种数:80 种

黾蝽科 Gerridae　　　　　　　分布:世界各地

体长:1~36 毫米

在小说《射雕英雄传》中,金庸先生刻画了这样一个人物,此人轻功了得,在水上奔走如履平地,江湖人称"铁掌水上漂"。当然,这是金庸先生虚构的人物罢了,现实生活中是不会有这样的人的。不过大家不用遗憾,在昆虫世界中却真的有这样的"水上漂"。此虫虽然又瘦又小,但它的腿却又细又长,不但能以飞快的速度在水面上滑行,而且还能时不时来个"三级跳",既不会掉进水里淹死,身体也不会被水弄湿。它们休息的时候也会漂浮在水面上,只是在 6 只脚周围会有水面下陷的痕迹。简直是不可思议,难道金庸先生刻画的裘千仞是受了这种昆虫的启发吗!

图13-1 "水上漂"——水黾

揭秘"水上漂"

夏秋季节,只要我们来到水边,无论是湖水、池塘,还是水田中,几乎都能看到这种能在水面上滑行自如的昆虫。科学家们称这类昆虫为水黾。

那么,水黾为什么能在水面上生活得如此自如呢?科学家们为我们解开了谜题。

首先,水黾的体重很轻,其种类不同,大小也会不一样。其次,水黾成虫体长约为22毫米,体重约为0.13~0.17克,就跟一粒米差不多重。因此,虽

图13-2 水黾成虫

然水黾体形看上去很大，但身体却很轻。

不过，即使身体再轻，水黾也必须具有相应的能够浮在水面上的构造。水黾的漂浮神器是它那分工很明确的 3 对足：前足很短，伸在头前方，用来捕食，中足用来划水和跳跃，后足用来在水面上滑行。它细长的中后足能够极度地向身体两侧外伸，增大了与水面的接触面积，减少了单位面积水面所承受的重力。水黾的足能排开相当于自身体积 300 倍的水量，使它本来就很轻的身体不会破坏水面那层因表面张力形成的膜，只会在水面形成一个凹槽。这个凹槽就像是滑道一样，使水黾能够在水面上自如地滑行。

图13-3　水黾若虫

最重要的是，在水黾足的跗节上生长着一排排浓密的拒水性毛层，有了这毛层的保护，水黾的身体就像穿了一件神奇的"防水衣"一样，不会被水浸湿了。在高倍显微镜下可以发现，水黾足上有数千根按同一方向排列的多层刚毛，直径不足 3 微米，表面上形成螺旋状纳米结构的沟槽。水黾就是利用这种特殊的微纳米结构，将空气有效地吸附在这些同一取向的微米刚毛和螺旋状纳米沟槽的缝隙内，在其表面形成一层稳定的气膜，阻碍了水滴的浸润，宏观上表现出水黾腿的超疏水特性。正是这种超强的负载能力使得水黾在水面上行动自如，即使在狂风暴雨和急速流动的水流中也不会沉没。因此，水黾没有沉入水中淹死的后顾之忧，就可以在水面上纵横驰骋，急速滑行，而且还能跳水上"芭蕾舞"，尽情地追逐嬉戏。

水黾的这种水上功夫及其原理得到了科学家们的关注。科学家们设计了各种各样模仿水黾运动的在水面行走的机器人，让机器人去执行监测

中国科普大奖图书典藏书系

水质的任务。也许在不久的将来，科学家们还会制造出像水黾一样的新型水上交通工具呢！

生 活 习 性

作为漂浮神器的足也是水黾捕捉食物的工具。水黾中后足上具有非常敏感的感震器，能够通过猎物在水面上造成的波纹感受到猎物的位置，快速接近目标，从而饱餐一顿。水黾在水面上运动，可以达到 1.5 米/秒的速度，这样的速度，何愁吃不到食物。

水黾的足也能感受到敌人的威胁。当有敌人靠近时，警觉的水黾也能很快通过水波发现，立刻往相反的方向逃走。跑动的时候，它们常常会跳起来，一跳能跳得好高好远，那跳跃的距离是自己身体长度的好几倍。水黾能在水面一跳一跳，留下连续好几个小小的坑，这些小坑随着泛起的涟漪慢慢消失。

水黾的足还可以制造爱的水波纹。到了恋爱季节，雄水黾会通过中后足制造浪漫的水波纹来追求异性，雌水黾接收到爱的信号以后，也会以类似振动频率的水波纹回应雄水黾。然后它们便"走"到一起，雄性水黾会趴在雌水黾身上，过起了幸福的二人世界。不过，这种恋爱方式对水黾来说有时候是很危险的。雄水黾在水面上制造的微小波纹，有可能会引来掠食性鱼类。这时雌水黾往往面临更大的威胁，因为它们留在水面，更容易成为掠食者进攻的目标。

图13-4　水黾交尾

类 群 特 点

水黾属于半翅目、黾蝽科。水黾还有很多很多的俗名，北京地区叫它"卖油卖糖"，陕西地区叫它"卖盐"，广东地区叫它"水和尚"，闽南、台湾地区叫它"水豆油"，还有的地方叫它"水马虫""香油瓶"等。也有人叫它"卖油郎"，因为它在水面上滑行跳跃时激起的波纹很像油滴落在水面后扩散的样子。另外还有"水马""水蜘蛛""水板凳""水蚊子""水虱子"等多种叫法。

除了在淡水中生活的水黾，黾蝽科还有一类昆虫生活在海洋环境中。海黾属就是漂流最远的一类，它们终身漂浮于远洋的海面上，为昆虫中极少数正常在海上生活的类群之一，我国海域中已记录有4种海黾。在海洋昆虫中，海黾是最受关注、研究得最多的一类。海黾为半变态昆虫，若虫5

图13-5　水面上的水黾若虫

龄，成虫两性型，雌虫较雄虫大，约为5毫米。它们交配后把卵产在海面的漂浮物体（比如海鸟羽毛，漂浮的海螺、木头、塑料和柏油块）上。由于产卵空间极其有限，因而往往在一个小物体上堆挤了大量的卵块。海黾取食海面上的浮游动物、死水母、鱼卵和小鱼，一般通过液化猎物的器官和肌肉而获取食物，它们从不潜入海水中捕食。像所有的水黾一样，它们只在水面上生活。

灭虫能手——草蛉

昆虫名片

中文名:草蛉   翅展:155毫米左右

分类地位:脉翅目 Neuroptera、   世界已知种数:1800余种

草蛉科 Chrysopidae   中国已知种数:240余种

体长:55毫米左右   分布:广布于世界各地

　　枝繁叶茂的夏天,无论是在公园、野外,还是在果园等地,只要你留意,就会发现在嫩树枝、树叶,或者草叶上有一些细丝,每一根细丝上挂着一个白色的很奇怪的小块,很像缩小版的棒球棍。这些"棒球棍"不是别的,正是草蛉产下的卵。

　　草蛉为什么要产这种奇怪的卵呢?原来,这是草蛉的一种防御手段。为了使子女出世后马上就能有充足可口的食物,雌草蛉还要把自己的卵产在蚜虫最多的植株上。但是,蚜虫多的植株上蚂蚁也多,因为蚂蚁喜欢吃蚜虫的排泄物——蜜露,而草蛉的这种独特的产卵方式就达到了避免蚜虫的天敌将卵吃掉,以及孵化出来的幼虫们互相残杀的目的。

　　草蛉在产卵时,先选好一个合适的叶片,然后将腹部末端的产卵器放

在叶片的表面，从一个芝麻粒大小的腺体内排出黏的胶状物质，一边排一边将腹端部抬起，拉出一根丝，当这根以蛋白质为主的黏丝遇空气变硬之后，再在丝端产下一粒卵，使之与丝相黏并将卵高高举起，或倒挂在树叶上。接着，它会稍微挪动一下腹部，再产下一粒卵……最后在叶片上产下一排或一簇卵。这些位于"棒球棍"末端的小生命仿佛流星一般，看来似乎那么弱不禁风，其实却坚固得很。

　　不过，在草蛉数量比较多的情况下，草蛉有时候也会在铝合金门窗、车窗玻璃，钢管、木头上产卵。这事还引起了很多误会呢，有的人以为是佛经中所提到的极难遇到的优昙婆罗花再现，有的人以为是怪物出现、发生了灵异事件，怪只怪草蛉的卵太有特色了！

图14-1(①~④) 草蛉的卵

灭虫能手——草蛉

生 活 习 性

　　草蛉不但卵很有特色,其婚配也很有特色。草蛉白天不进行求婚和交配,而是在夜晚进行。雌雄草蛉相遇后,都显得异常兴奋和亲热。它们首先相互对视,当双方都觉得比较合意时,便双双飞到附近的植物枝叶上,开始了它们的恋爱生活。雌草蛉和雄草蛉都兴奋地使 2 对翅不停地发出快速的振动,大约 2 分钟后便向对方爬去,爬到一起后就开始嘴对着嘴互相亲吻,并且在亲吻时相互口吐泡沫,显得十分亲热。而这种互换白沫的现象,被人们称之为"交哺"。交哺是草蛉在交配之前的一段相互热恋的过程中发生的行为,交哺过程大约 1 分钟,只有经过这一过程才能达到婚配。这种奇特的现象在昆虫界,乃至动物界都是很少见的。然后,草蛉便进行真正的交配,这个过程也只有 1~2 分钟。因此,草蛉从"恋爱"到"结婚"的整个过程也就是 4~5 分钟。每只雌草蛉只交配 1 次,并把获得的精子贮存在体内的贮精囊内,这样就保证了它能够产下受精卵。没有交配的雌草蛉

图14-2　大草蛉

图14-3 草蛉的蛹

也可以产卵,不过产的卵不能孵化为幼虫。

草蛉一生中要经历卵、幼虫、蛹、成虫共4种不同的虫态。在卵期和蛹期的草蛉不取食,捕食主要是在幼虫和成虫时期,其中尤以幼虫期捕食量大。草蛉的幼虫叫作蚜狮,多呈纺锤形,体色通常为黄褐色、灰褐色或赤褐色,有时候身上还背着很多乱七八糟的东西。蚜狮头上有黑褐色斑纹,口器为一对强大弯管,前口式,胸部各节生有大小不同的毛瘤,有发达的胸足3对,幼虫行动活泼。蚜狮跟成虫一样,也具有捕食性,特别喜欢捕食水稻、棉花、蔬菜、果树上的蚜虫,也喜欢捕食介壳虫、木虱、粉虱、红蜘蛛等昆虫,以及多种昆虫的卵和蛾类的幼虫,还可捕食昆虫排泄的蜜露、植物蜜腺的分泌物和花粉等。蚜狮十分活跃,捕食凶猛,虽然没有翅,不能随意飞翔,却能不停地在植物上爬行,四处寻找猎物。一旦发现蚜虫,蚜狮就张开上下颚,低头猛冲过去,用下颚将蚜虫夹起。它们的下颚结构特殊,有2个中空的大刺。当蚜狮捕获到猎物时,就用这2个刺将蚜虫高高地夹起,深深地刺入蚜虫体内,再用它们吸管般的猎食工具将蚜虫的汁液吸干。这样,用不了几秒钟,刚才还在贪婪地吸取树的汁液的又肥又大的蚜虫,顷刻之间就变成了一团褶皮。更有趣的是,有些蚜狮每当把蚜虫吃尽吸光后,还把它们吸空的蚜虫外壳背在背上,四处行走,这样可以很好地隐蔽自己。蚜狮每天的进食量都很大,平均一天可以吸食100多只蚜虫。在食料不足情况下,蚜狮也有自相残杀的习性。

图14-4 草蛉幼虫——蚜狮

类 群 特 点

　　草蛉是属于脉翅目、草蛉科的昆虫，全世界已知有大约 1800 种，我国已知有 240 种左右，分布在南北各地。草蛉的外形很像蜻蜓，所以也叫草蜻蜓或草蜻蛉。草蛉的体型为中等大小，身体细长，柔弱，全身主要为绿色、黄色或灰白色，多数种类为翠绿色，具有金属色复眼。它的触角细长，呈长丝状，薄翅如纱、透明，十分宽大，前后翅的形状和脉相非常相似，翅脉为绿色或黄色。翅的前缘区有 30 条以下的横脉，不分叉，极为美

图14-5　外形酷似蜻蜓的草蛉

丽。美丽柔弱的外表并不能抹杀它的勇猛的本性，草蛉是凶猛的捕食动物，捕食松蚜、柳蚜、桃蚜、梨蚜等各类蚜虫及松干蚧等害虫，对森林、苗圃、果园、农田中的蚜虫、介壳虫种群数量的消长起着有效抑制作用。

　　我国常见的草蛉有中华草蛉、大草蛉、丽草蛉、黄玛草蛉等。草蛉是生物防治中很有利用前景的一类昆虫天敌，能够有效而大量地捕食多种重要的农业害虫，所以人们广泛地开展了人工利用草蛉消灭害虫的工作。我国在 20 世纪 70 年代就开始大量繁殖和释放草蛉，目前释放草蛉已经对田间的蚜虫、介壳虫等害虫起到了很好控制作用。

图14-6　黄玛草蛉

会挖陷阱的蚁狮

昆虫名片

中文名:蚁狮

分类地位:脉翅目 Neuroptera、
蚁蛉科 Myrmeleontidae

翅展:2~15 厘米

世界已知种数:2000 余种

中国已知种数:120 余种

分布:广布于世界各地

自从有了人类,摆在人类面前的难题就是怎样填饱肚子。所以从远古时代开始,我们人类每天都要跟野生动物进行生存斗争。在因追逐猎物累得上气不接下气的同时,聪明的人类也想到了在猎物经常出没的地方挖个陷阱,以便以逸待劳。即便是现代社会,也有些国家和地区的人们会设置陷阱,捕杀毁坏农田的野猪。虽然没有亲眼见到猎人是怎样挖陷阱来捕杀野猪和其他野生动物的,但还是觉得会设置陷阱的人类是很聪明的。人类把自己放在食物链的顶端,自喻为最聪明、最智慧的物种,但仅就设陷阱这种方法,在人类出现之前很久远很久远的侏罗纪晚期,蚁狮这种不起眼的小动物就开始用其来捕食了。

蚁狮的陷阱

　　野外郊游的时候,你可能会在沙地上看见一个个大大小小的圆锥形的小坑。不要奇怪,这就是蚁狮挖的陷阱。蚁狮主要在地面上生活,它是天生的"猎手",只要一出世,就开始着手营造捕猎的陷阱。蚁狮先用尾部向下拱,使身体退入沙中,只留头上的2颗大牙露在外面,然后不停地用大牙将沙粒向外弹出,使沙坑的口一点点扩大,最后形成一个漏斗形的陷阱。蚁狮修筑一个陷阱只需要15分钟。

　　蚁狮对于构筑陷阱的位置、沙的细度、陷阱斜面的角度等都很讲究。如果沙地上没有植物,那么蚂蚁之类的昆虫和小动物会很少,蚁狮就不会有太多的机会;如果植物很多,那么这样的土地可能不适于建造陷阱。沙土的含水量高,沙与

图15-1　蚁狮的陷阱

沙之间就有黏着力,不容易形成流沙,不适合捕捉猎物。因此,蚁狮特别喜欢干燥的沙地,而且是越干越好,通常沙中的含水量要低于2%。陷阱四壁倾斜的角度也很重要,如果坡度太小,蚂蚁等猎物就不会溜下来。坡度愈大,猎物逃跑的可能性愈小,因为逃跑时四壁的沙粒会更容易滚落下来。但是,如果斜面过陡,沙子自己就会塌下来,不能形成陷阱,所以陷阱四壁的坡度要做到恰到好处,一般为38°~42°。这个坡度的大小与许多因素有关,如沙粒的粗细度、沙粒的棱角、沙的含水量等。

图15-2　蚁狮在沙地上挖的圆锥形陷阱

一切都安排妥当之后，蚁狮便一动不动地埋伏在陷阱的底部，等候着猎物的到来。当然，蚁狮不单捕食蚂蚁，也捕食其他昆虫、小型节肢动物等，但以蚂蚁居多。由于陷阱的四周非常光滑，一只蚂蚁爬过来时，只要踩

图15-3　挖陷阱的蚁狮

到松软的陷阱边缘，就会随着沙粒滑跌到陷阱底部，而且很难爬上来。因为当蚂蚁等猎物挣扎着向上爬时，蚁狮就会迅猛地摇动头部，弹射出雨点般的沙粒，这些抛向猎物的"沙弹"或击中猎物或使陷阱壁的沙子继续塌陷，让企图逃跑的猎物再次落入陷阱的底部。如此反复数次之后，猎物就会筋疲力尽，乖乖地当了蚁狮的"俘虏"。蚁狮将猎物捕获以后，就用颚管呈钳形刺进猎物体内，将毒液注入，把猎物的躯体溶解掉，然后美美地吸食一顿，最后把无用的猎物躯壳抛出坑外。

很快，蚁狮会把陷阱重新整修好，等待下一个猎物的到来。

蚁狮的一生

蚁狮是蚁蛉的幼虫，外形有点儿像蜘蛛，因为它们吃起蚂蚁来像狮子一样凶猛，因此得名。又因为蚁狮常常倒退着走，所以又被称为"倒行狗子""倒退虫"。其实，蚁狮在我国还有很多俗名，如沙虱、沙牛、沙猴、沙王八、缩缩、地牯牛、睡虫等。蚁狮的身体很健壮，体色灰暗，跟沙土的颜色类似，以便很好地隐蔽。体形略呈纺锤形，头、

图15-4　外形似蜘蛛的蚁狮

图15-5 破蛹而出的蚁蛉

胸部较小,腹部前端较宽大,逐渐向尾端收缩。腹背隆起,身上多毛,后足为开掘式,头部有一对强大的颚管向前突出,状如鹿角,是由上颚和下颚组成的尖锐而弯曲的空心长管式口器,是其捕捉猎物的有力工具。

蚁狮在沙土中度过 3 个龄期,大约需要 1~2 年。蚁狮有一个很奇怪的特点,就是它们没有肛门,在整个幼虫期间,它们只吃不拉。这对于它们的陷阱来说,倒是件好事,不会影响沙粒的含水量。到了合适的时候,蚁狮会在沙子里做一个结实的茧,然后在茧中化蛹。茧为球形,浅灰白色,表面黏裹着一层沙粒。再经过一段时间,蚁狮会破蛹而出,摇身一变成为跳着优美舞蹈的蚁蛉。

图15-6 阳光下的蚁蛉

类 群 特 点

蚁蛉是属于脉翅目、蚁蛉科的昆虫,世界上已记录的蚁蛉约有 2000 种,我国已知约有 120 种,广泛分布于我国各地,生活在低矮的草丛和灌木丛中。美丽的蚁蛉可不是弱者,跟它的幼虫蚁狮一样,也是凶猛的食肉昆虫,主要捕食蚜虫、叶蝉,以及半翅目、鳞翅目等种类的昆虫。在繁殖季节,雌蚁蛉将卵产在干燥松软的沙土中。在阳光的照射下,蚁蛉的幼虫——蚁狮很快就孵化出来了,然后就开始了挖陷阱捕猎的生活。

蚁蛉的身体细长,有2对薄纱一样的翅,像一只美丽的蜻蜓。它的体色一般为暗灰色或暗褐色,翅透明并密布着网状翅脉。头部较小,口器为咀嚼式,有1对发达的复眼并向两侧突出。它的触角比较短,长度差不多等于头部与胸部长度之和,尖端逐渐膨大并稍弯。翅长而狭窄,有褐色或黑色的斑纹,静止时,2对翅自胸部背面向体后折叠呈鱼脊状,覆盖体背直到腹部末端。

图15-7　优美的薄纱一样的翅

图15-8　发达的复眼和咀嚼式口器

图15-9　身体细长的蚁蛉

拟态高手食蚜蝇

昆虫名片

中文名:食蚜蝇　　　　　　世界已知种数:5900余种

分类地位:双翅目 Diptera、　中国已知种数:500余种

食蚜蝇科 Syrphidae　　　　分布:全世界分布广泛

体长:5~7毫米

图16-1　花间忙碌的食蚜蝇

春夏季节，百花争艳，徜徉在十里画廊、百里花海中的人们，无不陶醉于花的千娇百媚，感叹大自然的鬼斧神工。不过大自然的魅力还少不了那些"嗡嗡嘤嘤"的小蜜蜂，它们忙忙碌碌，从一朵花转到另一朵花，不但身上沾满了花粉粒，后腿上还装了一"筐"花粉。勤劳的蜜蜂，不但为千家万户送去甜蜜，更重要的是它给花儿做了媒人。但是请仔细观察一下，那些在花间飞舞、长相、身材、行为跟蜜蜂一样的小昆虫都是小蜜蜂吗？仔细观察，我们也许会有新发现……

图16-2　蜜蜂

图16-3　食蚜蝇

惊人的拟态

不得不承认，在亿万年的生存斗争中，小小的昆虫也不是白过的。食蚜蝇的拟态现象简直可以达到以假乱真的程度，真的是让人傻傻分不清。食蚜蝇长得太像蜜蜂了，不但有蜜蜂一样大大的复眼，还有透明的翅和黑黄相间的腹部，飞起来同样是"嗡嗡"的声音，遇到敌害的时候也会将腹部抬起，似要伸出有毒的螫针。但其实，食蚜蝇和蜜蜂有很大的区别。例如，蜜蜂的触角长，呈屈膝状，食蚜蝇的触角短，呈芒状；蜜蜂的后足粗大，有的

图16-4　食蚜蝇的口器、触角、复眼、平衡棒

甚至还沾有花粉团,食蚜蝇的后足细长,和其他足没什么大的不同;二者最大的区别是蜜蜂有2对翅,而食蚜蝇只有1对翅,其后翅像苍蝇、蚊子等退化成了1对小棒槌形的结构,叫作平衡棒。更有趣的是,食蚜蝇并没有蜜蜂那样能自卫御敌的蜇刺能力,但为了保护自己,它们不仅在体形、色泽上模仿蜜蜂,同时还能仿效蜜蜂做蜇刺动作呢!

食蚜蝇为什么要拟态蜜蜂呢? 食蚜蝇的拟态,对它们的生存有着莫大的帮助。由于不同的昆虫体形大小不一、所处的环境不同,所面临的敌害也各不相同,从而演变出很多种防御方法,其中拟态是一种重要的防御方法。所谓拟态,就是一种生物模拟另一种生物或环境中的其他物体,从而获得好处的现象。因此模拟的对象也是多种多样的,包括有毒的或难以下咽的动物,动物身体突出的一部分,植物的枝、叶、花等,甚至是一些动物的排泄物等。食蚜蝇不仅身体的大小、体态、花纹等均与蜜蜂相近,在访花、吸蜜等生活习性上也相似。由于蜜蜂的腹末有螯针,又有拼命的精神,那些喜欢食虫的鸟类都知道蜜蜂的厉害,不敢轻易捕食。于是,食蚜蝇不仅得到了避免被捕食的好处,还

图16-5　黑带食蚜蝇

借着蜜蜂的威势，大摇大摆地在外面觅食。除了对蜜蜂的拟态之外，有些食蚜蝇还与熊蜂、胡蜂或蚂蚁的形态或生活习性十分相近。

不过，蜜蜂和食蚜蝇不但不是亲姐妹，而且在亲缘关系上还相差很远。蜜蜂在分类上属于膜翅目，和胡蜂、熊蜂是亲戚，而食蚜蝇则是属于双翅目、食蚜蝇科的昆虫，苍蝇、蚊子才是它们的姐妹。食蚜蝇的体长为5~7毫米，体色单一暗色或常具黄、橙、灰白等鲜艳色彩的斑纹，某些种类则有蓝、绿、铜等金属色。雄食蚜蝇的眼合生，雌食蚜蝇的眼离生，也有的种类两性均离生。食蚜蝇全世界已知5900余种，我国已知有500余种。食蚜蝇的飞行能力很强，常在空中翱翔，除了向前飞行外，它还能振动双翅在空中停留不动和向后飞行，或突然做直线高速飞行。食蚜蝇甚至能在空中婚配，交尾中的食蚜蝇密切配合，飞舞在空中，也能停止在空中，但下面的雌食蚜蝇似乎没有飞舞翅膀。有些食蚜蝇还具有长距离迁飞的本领。在欧洲，黑带食蚜蝇就有迁飞的习性，每年会有数亿只食蚜蝇从欧洲大陆穿越英吉利海峡，并给沿途的花儿传粉。

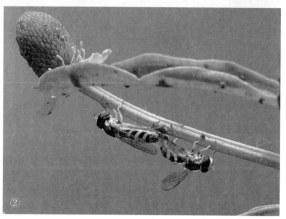

图16-6(①~②) 食蚜蝇交尾

生 活 习 性

食蚜蝇喜欢访花,是花儿们的好"媒人"。食蚜蝇喜欢阳光,常在花间草丛或芳香植物上飞舞,摄食花粉、花蜜,并传播花粉,有时也吸取树汁。特别是雌食蚜蝇,它们必须摄食花粉才能使卵巢发育。雌食蚜蝇产卵量的多少还与所摄食的蜜源有很大的关系,如果没有蜜水,可能只产几十粒卵;而有充足的蜜水,产卵量会几倍、几十倍地增加,多时可达2000多粒。既

图16-7　斜斑鼓额食蚜蝇

然如此,那为什么它的名字叫食蚜蝇呢,这听上去似乎是一种吃蚜虫的蝇类。对了,食蚜蝇是蚜虫重要的天敌昆虫,但吃蚜虫的是食蚜蝇的幼虫,而不是成虫。食蚜蝇幼虫的胃口非常大,有些种类的整个幼虫期能捕食840~1500只棉蚜。雌食蚜蝇在植物嫩尖上产下白色的长椭圆形的卵。而在卵的周围,还生活着一些在嫩叶上取食的小蚜虫。因此,食蚜蝇的幼虫

图16-8　食蚜蝇幼虫

一孵化出来,就有美味可尝。食蚜蝇的幼虫也就是我们所说的蛆,没有脚,但这并不影响它们吃蚜虫。食蚜蝇幼虫的头部有一个钩状的口器,即口钩,捕食时用它刺入蚜虫,并吸食蚜虫的体液,待体液吸干后,随即抛弃蚜虫的壳体,继续捕食其他蚜虫。吃饱以后,食蚜蝇幼虫会1~2天不动,然后开始蜕皮,这样就进入了第2龄。2龄、3龄的幼虫取食蚜虫的速度明显加快,饭量也大增。幼虫3龄以后便开始化蛹,准备变成像蜜蜂一样访花传粉的成年食蚜蝇了。有趣的是,食蚜蝇幼虫的取食方式几乎与神话中的貔貅一样。虽然它的食量很大,可捕食上千只蚜虫,但只进不出。幼虫期只排泄1次,它们停止取食后,在化蛹前一天排出累积的所有废物,量相当多,呈酱油色。随后,它们便爬入松土中化蛹。

但是,并非所有的食蚜蝇都是捕食蚜虫的。一些食蚜蝇幼虫取食植物、菌类,或者以腐败的有机物或禽畜粪便为食,还有一些是杂食性的。即便是肉食的食蚜蝇,除了捕食蚜虫外,还能捕食多种其他昆虫,如粉虱、叶蝉、叶蜂、蛾蝶类的幼虫等。

群集危害的东亚飞蝗

秋季在郊外旅游的时候,你可能会碰上这种个头比较大的名叫东亚飞蝗的蚂蚱。尽管大多数人把直翅目、蝗总科的昆虫都叫作蚂蚱或者蝗虫,但还有不少人说的蝗虫或者蚂蚱,其实就是特指东亚飞蝗。有趣的是,东亚飞蝗并不是 1 个种,而是 1 个亚种。全世界仅有 1 种飞蝗,不过它的分布范围却是

图17-1 东亚飞蝗交尾

蝗虫里面最广的,遍及欧、亚、非、澳四大洲。由于所处地理位置的差异,飞蝗在全世界分为9个亚种,在我国有3个亚种,即东亚飞蝗、亚洲飞蝗和西藏飞蝗,其中东亚飞蝗是我国分布最广、最常见的一种蝗虫。

形 态 特 征

东亚飞蝗体长2~8厘米,身体由头、胸、腹三部分构成。头部两侧有一对大复眼,头部上方有一对丝状触角,是它的触觉和嗅觉器官。头部的下方有咀嚼式口器。下颚和下唇各生有一对触须,触须有触觉和味觉的作用。由于东亚飞蝗具有典型的昆虫特征,在生物课本中,一般都将它作为标准昆虫模型来介绍昆虫的基本特征。

东亚飞蝗的叫声不是很好听,所以很少有人把它们当鸣虫来欣赏。东亚飞蝗的声音是那种单调又乏味的"嘎、嘎、嘎"声,而且音质粗糙,音量也小,因此往往会被大多数人所忽视。东亚飞蝗的每条后腿内侧都有一系列的音齿,每个翅的外侧都长有一条粗糙而又高起的翅脉,称为音锉。东亚飞蝗想用它的后腿快速地交替着抬起又落下,这样腿上的音齿就可以弹拨和摩擦翅上的音锉,就会发出声音了。东亚飞蝗雄虫的鸣声不但能够吸引雌虫前来相会,而且还具有召唤同伴的作用。当飞蝗大发生的时候,它们就是通过这种鸣声作为信号来集结和迁徙的。东亚飞蝗的腹部有11节,能够伸缩和弯曲。第1腹节的两侧各有一个椭圆形薄膜,能够感知声音,这是东亚飞蝗的听觉器官。从中胸到腹部第8节,每节的两侧各有一个小孔,叫作气门,这是东亚飞蝗进行呼吸时气体出入身体的门户。

东亚飞蝗的翅宽大而轻巧,直翅上的脉络呈辐射状排列,横向脉络则成行排列。这样的结构使它们在翅折叠起来的时候,既不弯曲,也不旋转,就像扇子一样自如地打开和收拢,有利于进行长距离的飞行。

图17-2 音齿

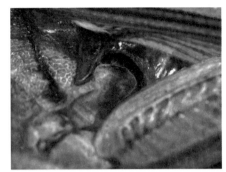

图17-3 听器

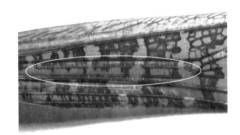

图17-4 音锉

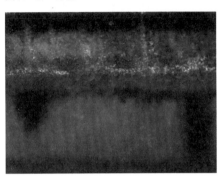

图17-5 音锉放大100倍

蝗 灾

　　东亚飞蝗有群居型、散居型两种类型。密度小的时候，东亚飞蝗为散居型；当密度越来越大时，东亚飞蝗便可逐渐聚集呈群居型。群居型东亚飞蝗有远距离迁飞的习性，这便是蝗灾的起源。东亚飞蝗成群生活是有原因的，在成长的过程中，它们需要较高的体温以促进和适应生理机能的活跃。因此，它们必须集群而居，彼此紧密相依，互相拥挤，以维持体内温度，使热量不易散失。由于成群活动的蝗虫都有这一共同生理特点，所以在它们结队飞行之前，只要有少数先在空中盘旋，很快会被地面上的蝗虫所感应，并群起响应。这样，它们的队伍会迅速形成，并且数量也会越来越大。

中外历史上，有过无数次蝗灾记录，飞蝗蔽天、草木皆光、饿殍遍野、人饥相食。史书将"蝗灾""旱灾""水灾"并称为三大自然灾害，而且蝗灾往往随着旱灾而来，自古就有"旱极而蝗"的说法。我国最早的蝗灾记载于公元前707年的《春秋三传》。1944年，太行山区发生蝗灾，落地的蝗虫竟积有一二尺（1尺≈0.33米）厚，使那里变成了蝗虫的世界。2000年还发生了一次较为严重的蝗灾，涉及14个省区，数百万公顷（1公顷=0.01平方千米）的草场和庄稼被毁。国外在1889年红海附近发生过非常严重的蝗灾，大群蝗虫在空中飞行，犹如一大片乌云飘过，遮天蔽日。

在古代，蝗灾几乎是无法抗拒的，所以，它被迷信的人视为"神虫"。现在，人类已经有了科学的灭蝗办法，使它们不能再为所欲为了。例如，英国科学家们花了20年的时间，成功研制了一种利用飞机的导向技术来设计的、质量仅为3毫克的天线导引装置，将它附着在蝗虫的身体上，就可以跟踪和追击蝗虫，然后再一举歼灭这些害虫。

生 活 习 性

东亚飞蝗一生经过了卵、若虫、成虫共3个阶段，不经历蛹的阶段，为不完全变态昆虫。雌雄成虫交配后4~7天，雌成虫腹部就明显膨大，特别是第2~5腹节。这是因为它们体内的卵巢已经成熟，就要产卵了。雌蝗虫的腹部末端有产卵器，交配后便把产卵管插入土中，然后将卵产于土中。当雌蝗虫产卵时，它们对产卵场所有比较严格的选择，一般以土质坚硬、含有相当湿度、有阳光直接照射的裸露的土地最为适宜。在田野里能符合这种条件的地区比较

图17-6　东亚飞蝗在硬地上产卵

图17-7　3龄以下的跳蝻

图17-8　3龄以上的跳蝻

少，因此它们往往在一个面积不太大的范围内大批地集中产卵。再加上这小区域里的温湿度差异很小，使卵孵化整齐划一，以至蝗虫的幼虫一开始就形成了互相靠拢、互相跟随的生活习性。刚由卵孵化的若虫没有翅，只会跳跃，所以又叫"跳蝻"。跳蝻逐渐长大，每蜕1次皮就会增加1个龄期，3龄以后长出翅芽，5龄以后翅膀发育完全，变成成虫。

东亚飞蝗的一对上颚锋利无比，啃起草叶"沙沙"有声，特别嗜食芦苇、水稻或玉米等各种庄稼的叶，但却不太喜欢吃棉花。曾经发生过这样一件有趣的事，大批蝗虫飞到棉花丛中，因为嗜草成癖，把株间杂草全部吃去，棉花依然无恙，蝗虫好似在替人锄草。"万恶"的蝗虫，竟然做出如此好事，真是一个奇谈。

东亚飞蝗也是目前人类开发的高蛋白昆虫食品，虽然它会给农业带来危害，大发生时甚至会带来灾害，但我们只要控制好它，可以把它转化成绿色食品。东亚飞蝗也受到了"吃货"的青睐，广东、香港等地称之为"飞虾"，因为它肉质鲜嫩，味美如虾。

图17-9　蝗虫吃玉米叶

歌声优美又好斗的蟋蟀

昆虫名片

中文名：蟋蟀

分类地位：直翅目 Orthoptera、
蟋蟀科 Gryllidae

体长：4~5 厘米

世界已知种数：2500 余种

中国已知种数：150 余种

分布：世界各地

夏末秋初的时候，蟋蟀便心急地登上了演唱会的舞台，整个秋天的夜晚，蟋蟀都是这个舞台的主角。它们的歌声时而清脆悠扬，时而婉转低吟，时而激越短促，时而高亢洪亮。这些不同类型的歌可不是随意唱出来的，所谓歌声传情，大概只有蟋蟀最明白了，不同的歌声表达了不同的情感：独处时悠然自得，歌声清纯亮丽；2 只雄虫相遇时，那可是冤家路窄，双方振翅狂鸣，烦躁不安，挑衅决斗，获胜的一方就会高奏凯歌，鸣叫不止；雌雄相遇，歌声缠绵动听、诗情画意；而当一对情侣交配时，则会发出"愉悦"的颤声："嘀铃铃——嘀铃铃——"……

图18-1　正在演唱的雄油葫芦

美妙的歌声

　　刚工作的时候,因为经济条件有限,所以在郊区通县(几年后改名为通州区)的一个小区租房住。这个小区面积很大,共有十几幢6层板楼,楼与楼之间的距离也很远,而且开发商格外注重绿化环境,不但每一幢楼前都有一个小花园,而且楼前楼后都种上了花草。这便为那些可爱的蟋蟀们提供了生活的沃土,它们可以在草丛里建造自己的家园。我家住的楼房正好在小区的中心,离马路较远,每到夜晚的时候,那真的是夜深人静,汽车声是根本听不见的,简直是世外桃源。白天暑热过后,晚上睡觉不再需要空调电扇,只要打开窗户,微微的凉风就会吹进卧室,这样的夜晚最适合睡觉了。不但如此,还有"人"在给我们唱着催眠曲。原来,楼下草丛里的蟋蟀开始活跃了,这个季节正是它们交配繁衍的好时候。在静静的夜晚,唱着缠绵动听的爱情歌曲,声音悦耳,不但不感觉嘈杂,反而有一种催眠的作用。那几年，每年这个时候都是蟋蟀的歌声伴着我们入眠的。后来住进了城里，高楼林立、绿化面积少，夜晚的霓虹灯照亮了草丛，嘈杂的汽车声一直到深夜也不会停止，再也听不到蟋蟀的催眠曲了。城里的蟋蟀都不叫吗？不是，是城里根本没有蟋蟀！

图18-2 迷卡斗蟋

如此美妙的歌声，蟋蟀是怎么唱出来的？确切说，它们不是在唱歌，而是在演奏，是用自己的一对前翅相互摩擦来"奏乐"的。在蟋蟀右边的翅膀上，有一个像锉样的短刺，叫音锉，左边的翅膀上，长有像刀一样的硬棘，叫刮器。当它奏乐的时候，左右两翅一张一合，通过音锉和刮器的相互摩擦，发出声音。摩擦的方式不同，发出的声音不同。雌蟋蟀的前翅没有发声结构，因此，唱歌的都是雄蟋蟀。这也反映了雄性动物好炫耀的一面。不过雌蟋蟀的耳朵还是挺好使的，跟雌

蝉一样，能够凭借自己的好耳力找到自己中意的对象。与雌蝉不一样的是，雌蟋蟀的听器长在2条前腿上。

图18-3 蟋蟀的大牙

歌声优美又好斗的蟋蟀

民 间 娱 乐

"七月在野,八月在宇,九月在户,十月蟋蟀入我床下。""蟋蟀在堂,岁聿其莫。"蟋蟀也是人类最早认识的昆虫之一,我国第一部诗歌总集《诗经》中就多次出现蟋蟀的身影。3000 年前,我国先民就已经很了解蟋蟀的生活规律了,并用它对气候变化的反应来表示时序更易。再后来,人们开始饲养蟋蟀。养蟋蟀作为一种娱乐活动,在我国也有 1000 多年的历史,源远流长,中外闻名。据唐朝《开元天宝遗事》记载:"宫中秋兴,妃妾辈皆以小金笼贮蟋蟀,置于枕畔,夜听其声,庶民之家亦效之。"除了唱歌,蟋蟀还十分好斗。我国斗蟋蟀的历史也非常悠久,据记载,"古人玩蟋"始于唐,著于宋,盛于明清。据顾文荐(宋)《负暄杂录》记载:"斗蛩之戏,始于天宝间,长安富人,镂象牙为笼蓄之,以万金之资,付之一啄。"由此可见,养斗蟋蟀不仅始于唐代,而且当时以此为赌之风盛行。现如今,斗蟋蟀已经是一种非常理性的娱乐活动了,在北京十里河花鸟鱼虫市场,每年 10 月都要组织一场别开生面的斗蟋蟀大赛。喜欢斗蟋蟀和看斗蟋蟀的人还真不少呢!在东南亚一些国家也时兴斗蟋蟀大赛,每年举行大赛时,常造成万人空巷的热烈场面。在美国、希腊、西班牙、德国、荷兰等国家,经常举办"斗蟋蟀擂台赛",吸引了众多当地的蟋蟀迷。中国传统的鸣虫文化,已经跨出国门,令西方人大开眼界。斗蟋蟀的活动已经为全世界的蟋蟀迷所接受和喜爱,充分显示出蟋蟀独有的魅力。

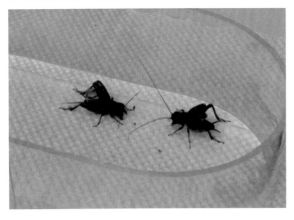

图18-4　斗蟋蟀

图18-5　斗蟋蟀雕像

类 群 特 点

蟋蟀属于直翅目、蟋蟀科，全世界已知蟋蟀2500余种，我国有150余种。除了常见的斗蟋蟀即迷卡斗蟋，还有油葫芦、花镜、金钟儿等。还有一

种蟋蟀也值得一提，它的名字叫多伊棺头蟋，北京人叫它"棺材板"。主要是因为它的头非常的突出，面部扁平，加上宽长的身体，总体来看很像一个缩小的棺材。它的声音也很好听，总是"嘛

图18-6　金钟儿

图18-7　多伊棺头蟋

图18-8　花镜

图18-9　三尾大扎枪

嘁嘁(Jue)——嘁嘁嘁——"的。

蟋蟀是不完全变态昆虫。它们生性孤僻，喜欢独居，通常一穴一虫，要到发情期才招揽异性同居一穴。但在若虫期，它们往往30~40只共居一室，十分亲热。雌蟋蟀一生可产500粒左右长筒形的卵，分散产在泥土中，以卵越冬。初孵化出的幼虫呈蛆形，以后发育蜕皮成为若虫，若虫不断长大，经几次蜕皮后才发育为成虫。蟋蟀每年发生1代，喜居于阴凉和食物丰富的地方，常在夜间出来觅食。北京人管雄蟋蟀叫"二尾儿"，因为它的尾部有2根长尾须；管雌蟋蟀叫"三尾儿"，或者叫"三尾大扎枪"，因为在它的尾部2根长尾须之间还有一根更长的"扎枪"，这是雌蟋蟀的产卵器。雌蟋蟀不会叫也不打斗，一般人不喜欢养。

天才建筑师——蜜蜂

昆虫名片

中文名:蜜蜂

分类地位:膜翅目 Hymenoptera、

蜜蜂科 Apidae

体长:2~39 毫米

世界已知种数:5100 余种

中国已知种数:1000 余种

分布:几乎遍布世界各地

　　六边形的内角为 120°,3 个六边形刚好可以围成 360°,不浪费一点儿空间。边数少于六边虽然不浪费空间,但浪费材料。蜜蜂的蜂巢正是由一个个这样的六边形蜂房组成的。蜂房是严格的六角柱状体,它的一端是平整的六角形开口,另一端是封闭的六角菱形的底,由 3 个相同的菱形组成。组成底盘的菱形的钝角为 109°28′,所有的锐角为 70°32′,这样就可以既坚固又省料而且容积最大。而全世界所有的蜜蜂似乎商量好似的,都是按照这个统一的角度和模式建造蜂房的。难怪人们把工蜂叫作"天才的建筑师"!不过,蜂房并不是蜜蜂的"卧室",而是它们哺育蜜蜂幼虫的"摇篮"和贮存蜂蜜、花粉的"仓库"。工蜂房的数量最多,雄蜂房比工蜂房稍大;王台像一粒花生,大多倒悬在巢脾下缘。

社会性生活

　　"天才建筑师"还是过着群体生活的社会性昆虫,这在昆虫界乃至整个动物界都是很少见的。每个蜜蜂群体内都有严密的组织和细致的分工,群体中的每个成员各尽其职、互相配合,共同维持群体的生活,因此蜂群被形象化地称为"蜜蜂王国"。通常每个蜂巢中,都是由一只蜂王、数百只雄蜂和数万只工蜂所组成。

　　蜂王是一种由受精卵发育成的雌蜜蜂。它的身体颀长、大腹便便,在群体中很显眼。只有蜂王才能与雄蜂交配,而且除了交配和产卵之外就没有其他的工作了。在产卵盛期,一只蜂王一昼夜可以产2000多粒卵,这些卵的总质量相当于它的体重,可见它的生殖机能是多么的旺盛。蜂王在

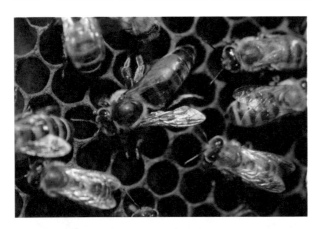

图19-1　蜂王

图19-2　王台

图19-3　雄蜂房

王台和工蜂房里产受精卵,在雄蜂房里产未受精卵。卵经过3天孵化出幼虫。而蜂王与雄蜂交配后,其卵与雄蜂的精子结合成为受精卵,由受精卵所孵化的幼虫都是雌性的。这些雌性幼虫如果一直被喂以蜂王乳,就会发育成蜂王;如果前3天喂以蜂王乳,以后喂以蜂蜜的话,以后就变成工蜂。

雄蜂是由未受精卵发育而成的,体型粗壮。它唯一的职能是与蜂王交配,交配之后会阴茎爆裂而死。雄蜂平时也是游手好闲,什么活都不干,整天吃饱了不是闲待就是游逛,食量还特别大。因此,当繁殖季节一过,蜜源不足,食物短缺的时候,工蜂

图19-4 雄蜂

就把这些"好吃懒做"的家伙赶出蜂巢,使其冻饿而死。在蜂巢中的数百只雄蜂中,每次只有飞得最快的那只才有机会同蜂王交配,其他的就只好等待下次机会。因此,虽然每只雄蜂在与蜂王交配之后就会立刻死亡,它们仍然争先恐后地抢夺这个"一夜风流"的机会,以便留下自己的后代。

工蜂在群体中要算最勤劳的了。虽然它们也是雌性,但生殖器官发育不全,不会生育,寿命也比蜂王短得多。在群体中,工蜂的数量占绝对优势,负责清洁蜂巢、哺育幼蜂、分泌蜂王乳、构筑蜂巢、守卫和采蜜等各项工作。

勤劳的工蜂

工蜂的劳动有细致的分工。工蜂的寿命只有5个星期左右。在这5个星期中,它们每时每刻都在辛勤地工作。在它们出世之后的第1~3天,就当上了"清洁工",负责把蜂巢里面打扫得干干净净。第4天和第5天则

成为"保姆"，负责用花粉与花蜜喂养幼虫。第6~12天，它们又改当"佣人"，负责分泌蜂王乳来伺候蜂王。第13~17天，它们充当"建筑工"的角色，负责分泌蜂蜡建造蜂巢，

图19-5　住在蜂房里的蜜蜂幼虫

另外还要把花蜜加浓及把花粉捣碎，以便酿造蜂蜜。第18~20天，它们又成为"卫士"，负责保卫蜂巢的安全。第21~35天，是它们生命的最后一段时间，也是工作最为繁重的日子，除了做各种工作外，还要出外采蜜。工蜂之所以能从事这些劳动，是因为它们身上有一些特化的"工具"器官。它们的消化道的"前胃"已变成一个富有弹性的"袋"——蜜囊，可以用来盛放花蜜；两后腿上有一对运载花粉团的"花粉篮"；尾部的产卵器则变成了自卫的武器——螫针。春夏季节是鲜花盛开的时期，蜜源最为丰富。这时候，

图19-6　牡丹花上采集的工蜂

工蜂开始频繁地外出采蜜。它们停在花朵中央,伸出精巧如管子的"舌头",舌尖还有一个蜜匙,当"舌头"一伸一缩时,花冠底部的甜汁就顺着"舌头"流到蜜囊中去。工蜂们吸完一朵再吸一朵,直到把蜜囊装满,肚子鼓起发亮为止。

通常在一个群体中,每天大约有1000只新的工蜂准备承担采蜜任务,它们中的大多数都首先留在蜂箱内值"内勤",只有少数作为"侦察员"四处寻找蜜源。当侦察蜂在外面找到了蜜源,它就吸上一点儿花蜜和花粉,很快地飞回来。回到群体后,它就不停地跳起舞蹈来。这种舞蹈是蜜蜂用来表示蜜源的远近和方向的。蜜蜂舞蹈一般有圆形舞和"8"字舞2种。如果找到的蜜源离蜂巢不太远,就表演圆形舞;如果蜜源离得比较远,就表演"8"字舞。在跳舞时如果头向着上面,那么蜜源就是在对着太阳的方向;要是头向着下面,蜜源就是在背着太阳的方向。

采集花蜜如此辛苦,把花蜜酿成蜂蜜也不轻松。所有的工蜂先把采来

图19-7 二月兰上采集花蜜的工蜂

图19-8 采集归来

的花朵甜汁吐到一个空的蜂房中,到了晚上,再把甜汁吸到自己的蜜胃里进行调制,然后再吐出来,再吞进去,如此轮番吞吞吐吐,要进行100~240次,最后才酿成香甜的蜂蜜。为了使蜜汁尽快风干,千百只工蜂还要不停地扇翅,然后把吹干的蜂蜜藏进仓库,封上蜡盖贮存起来,留作冬天食用。工蜂除了调制"细粮"蜂蜜外,还会把采蜜时带回来的花粉收集起来,掺上一点儿花蜜,加上一点儿水,搓出一个个花粉球,做成蜜蜂们平时吃的"粗粮"。

蜜蜂是属于膜翅目、蜜蜂科的昆虫,全世界已知有大约5100种,我国已知大约有1000种。蜜蜂在花间穿梭采集花蜜和花粉,本来是为自己准备粮食,却在不经意间对植物进行了授粉。在所有的传粉昆虫中,蜜蜂是绝对的主力军。没有它们就没有农业发展,我们口中的食物有三分之一要归功于蜜蜂。

蜜蜂中的大熊猫——中华蜜蜂

昆虫名片

中文名:中华蜜蜂

分类地位:膜翅目 Hymenoptera、

蜜蜂科 Apidae

体长:10~16 毫米

世界已知种数:1 种

中国已知种数:1 种

分布:几乎遍布世界各地

"不论平地与山尖,无限风光尽被占。采得百花成蜜后,为谁辛苦为谁甜?"这是唐代诗人罗隐所作的一首赞美中华蜜蜂的诗。千百年来,勤劳勇敢、无私奉献的中华蜜蜂广受华夏儿女的爱戴,赞美中华蜜蜂的诗词歌赋不可胜数。在源远流长的中华药食文化中,中华蜜蜂也做出了巨大的贡献。中华蜜蜂的蜂蜜曾经是我国各种蜜糕茶点中的甜味剂,而且蜂蜜还能作为保鲜剂来保存食品,并且是许多中药材的配料,而蜂蜡又是制造中药丸的主要原料。

109

中国养蜂业发展史

中华蜜蜂是我国土生土长的蜂种,因此,又有土蜂、中蜂、中华蜂等这样的土名。在我国有几千万年进化历史的中华蜜蜂,经历了被人类采集蜂蜜和蜂巢、原洞照看养蜂、移养蜜蜂、饲养中华蜜蜂这几个阶段,成功地将其转化为家养经济动物,从而成就了我国的一项历史悠久的传统产业——养蜂业。

图20-1　树干养蜂

在原始社会,中华蜜蜂在岩穴、树洞中筑巢,处于完全野生状态。人类主要以采集天然植物和渔猎为生。后来,原始人发现有些野生动物掠食蜂窝里的蜂蜜,于是他们便火烧蜂窝,将成蜂烧死,然后再捣毁蜂窝,把里面的蜜蜡和蜂子取

图20-2　雄蜂和工蜂

图20-3 工蜂照顾蜂王

走。但是后来人们发现，这种方法只能取 1 次蜜，所以他们就想到了用烟熏蜂窝的方法将成蜂赶走，然后再取蜜蜡和蜂子，这样蜂窝还能保留，成蜂还能回来继续产子酿蜜。再后来，有些聪明的原始人就开始学着照看蜂群，

图20-4 木桶养蜂

他们用烟火驱散成蜂，然后用炭火将树洞加宽，再用泥草、牛粪等涂抹洞口，只留一个小孔供蜜蜂出入，最后在树上刻上独有的标记，表明这个蜂窝归自己所有。这就是养蜂业的萌芽。到了东汉时期，人们已经不满足于原洞照看养蜂，因为从居所到蜂洞会花费他们很多时间。为了便于照看和割蜜，他们学会了移养蜜蜂，将带有野生蜂巢的树干砍下来挂在自家的屋檐下，这时的蜜蜂处于半野生半家养状态。魏晋南北朝时期，养蜂者"以木为器"，自己制作养蜂的木桶，将蜜蜡涂抹在木桶内外，引诱野生蜜蜂到木桶

图20-5　中华蜜蜂守卫蜂

图20-6　中华蜜蜂工蜂采蜜

蜂窝中，此时蜜蜂饲养逐步过渡到家养阶段。宋元时期是中华蜜蜂人工饲养的重要阶段，家庭养蜂非常普遍，并且出现了专业养蜂场。

养蜂业的迅速发展促进了农业的发展，千百年来，中华蜜蜂为显花植物授粉使我国农业大幅度增产。家养蜜蜂和野生蜜蜂相辅相成，不仅维护了我国特有的自然生态系统，而且中华蜜蜂的分布和数量相当可观。但是到了20世纪30年代，意大利蜂被引入中华大地之后，中华蜜蜂的命运便急转直下、一落千丈，就像是受气的小媳妇，处处遭到意大利蜂的刁难。意大利蜂通过干扰中蜂蜂王交配、杀死中蜂蜂王、盗取中蜂蜜蜡、传染囊尾蚴病等方式将中华蜜蜂一步步逼入绝境。在不到100年的时间里，中华蜜蜂种群数量减少了95%以上，分布区也缩小了95%以上。

对人类的贡献

　　中华蜜蜂是我国被子植物生态系统的维护者,许多被子植物得以繁衍生存、代代相传,中华蜜蜂功不可没!在千万年的历史长河中,中华蜜蜂与中华大地上的开花植物形成了相互适应、相互依存、共同发展的共存关系。我国有1万多种被子植物离不开中华蜜蜂的传粉,特别是有些高寒地区的植物,中华蜜蜂是唯一的授粉昆虫。而且中华蜜蜂非常勤奋,与意大利蜂相比,中华蜜蜂属于早出晚归型的,一天中在外采集的时间要比意大利蜂多出2~3小时。对于那些清晨和黄昏开花的植物,也只有中华蜜蜂才会给它们授粉。中华蜜蜂的耐寒性强,春季和晚秋开花的植物也只有依靠它们来传宗接代了。因此,中华蜜蜂对本土植物授粉的广度和深度都远远超过了意大利蜂。中华蜜蜂的数量锐减会使很多显花植物因得不到正常授粉而最终灭绝。

图20-7　早出晚归的中华蜜蜂

蜜蜂中的大熊猫——中华蜜蜂

保护濒危物种

　　中华蜜蜂是大自然留给我们的宝贵物种，在生态系统中扮演着不可替代的重要角色。目前，北京本土野生中华蜜蜂已经灭绝，而人工养殖的数量已从20世纪50年代的40000多群，减少到了21世纪初的不足40群，已经到了濒危的程度。针对目前的濒危状况，我国将中华蜜蜂列入《中国国家级畜禽遗传资源保护名录》加以保护，并建立了中华蜜蜂自然保护区，对饲养中华蜜蜂的蜂农进行了奖励和补贴等。中华人民共和国农业部（2018年3月已更名为中华人民共和国农业农村部）在《全国养蜂业"十二五"发展规划》中，分不同区域对中华蜜蜂的保护工作制订了详细的计划。中华蜜蜂适宜于山区、半山区生态环境饲养。目前，在北京房山区、密云区建立了相对封闭的中华蜜蜂保护区。2006年，中华蜜蜂被列入"农业部国家级畜禽遗传资源保护品种"，被称为"蜜蜂中的大熊猫"。从2016年初开始，北京市密云区冯家峪镇发展中华蜜蜂崖壁养殖产业，在悬崖上悬挂了超过600个高约60厘米、宽约40厘米的木箱，最高的离地近150米。密云区的大山植被丰富，蜜源植物多，把蜂箱架到峭壁上，一般的大型动物上不去，人类的活动也影响不到它们，而且很少有病虫害发生，可以给中华蜜蜂创

造一个安全的环境繁衍生息。目前，冯家峪镇拥有我国最大的崖壁式景观蜂场，也是中华蜜蜂保护区核心区。希望有更多的措施来保护中华蜜蜂，进而保护植被多样性、保护生态系统！

图20-8　悬壁养蜂

住在纸巢里的胡蜂

昆虫名片

中文名：胡蜂

分类地位：膜翅目 Hymenoptera、

胡蜂科 Vespidae

体长：12~20 毫米

世界已知种数：4900 余种

中国已知种数：100 余种

分布：世界各地

野外采集的时候，饿肚子是很正常的事。有一年去广西，饥肠辘辘、前胸贴后背的时候突然在荒芜的路边发现了一家小饭馆，我们几个迅速冲进小屋，跟老板说挑容易做的菜赶紧上几个。因为客人少，厨师也手脚麻利，10 分钟后我们就吃上饭了。本以为只是一顿填饱肚子的饭而已，但是过了一会儿，老板过来跟我们说，今天有刚采来的蜂蛹，问我们想不想吃。一直知道蜂蛹蛋白质含量高、营养丰富，但一直没有吃过，偶尔也在某些大饭馆的菜单里见过，但想想估计并不是新鲜的，就没有点过，所以这次很爽快的就答应了。不一会儿，上来一盘椒盐蜂蛹，的确好吃，脆香可口。酒足饭饱的时候，才有心情想事情了。突然想看看蜂巢有多大，好在问得早，老板说蜂巢还没扔，赶紧给我们拿过来了。蜂巢并不大，因为要把蜂蛹弄出来，

中国科普大奖图书典藏书系

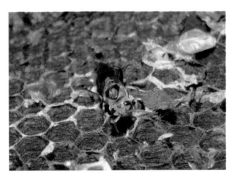

图21-1 胡蜂成虫

图21-2 胡蜂的卵及各龄幼虫

所以蜂巢已经被破坏得很厉害了。我不禁心中窃喜,终于有机会进入这种社会性昆虫的家里看一下了。蜂巢上面还有一只成年胡蜂,倒是没攻击我们,仔细观察蜂房,居然让我发现了胡蜂的卵和不同龄期的幼虫,不过翻遍了整个蜂巢,也没发现一只蜂蛹,估计都进了我们的肚子里了!那些胡蜂的卵和幼虫就像没断奶的孩子,在自己的婴儿房里待着,等待食物送到嘴里呢。而我们在野外看到的那些忙忙碌碌的成年蜂,都是为了这些孩子的生活而奔波呀!

形 态 特 征

跟蜜蜂一样,胡蜂属于完全变态的昆虫,一生经历4个阶段:卵、幼虫、蛹、成虫。卵呈白色长椭圆形,有点像缩小版的茄子;幼虫共5龄,乳白色,没有脚,身体粗胖,老熟幼虫化蛹前吐丝封盖,在封闭的蜂室中化蛹;刚化的蛹为黄白色,随着时间的推移颜色逐渐加深;成虫的主要器官逐渐明显可见,在蜂房内羽化为成蜂后,用它的上颚咬

图21-3 胡蜂

破封盖钻出来。成蜂的头部与胸部等宽，橘黄的色调间有稀疏而浅淡的刻点，大而明显的复眼和3个闪亮的单眼并列前方。2条棕色的触角，呈"八"字形分开。中胸背板中间嵌着隆起的黑线，两侧还各镶2条金色的纵带，连小盾

图21-4　胡蜂采食

片和胸腹节也镀上金黄的颜色。它的腹部各节背腹板为暗黄色，近中部处各节有1条棕色的纹饰，给人一种很不舒服的感觉。这是因为胡蜂蛰人事件屡有发生，甚至有人付出了生命的代价，我们已经把胡蜂身上这种醒目的颜色与它给我们带来的伤害联系到一起了。

　　胡蜂有马蜂、黄蜂、草蜂等俗称，某些大型胡蜂也被人称作虎头蜂。这是因为它们的头很大，身上的斑纹很像虎斑纹，而且性情凶猛。胡蜂在大田中能捕食多种农林害虫，是益虫，如果没有它们，很多害虫将泛滥成灾。但虎头蜂有时也会攻击蜜蜂蜂巢，严重时会造成整个蜜蜂王国的毁灭。因为虎头蜂的外骨骼很坚固，蜜蜂无法刺穿，但蜜蜂为了保护王国的安全会义无反顾地向虎头蜂发起自杀式冲锋，很多蜜蜂都会在保家卫国中战死，这对养蜂人来说是很大的损失。

图21-5　准备攻击蜜蜂蜂巢的虎头蜂

中国科普大奖图书典藏书系

社会性生活

胡蜂为社会性行为的昆虫类群，生活习性较复杂，亲代个体间不但共同生活在一起，还有合作关系。胡蜂筑巢群居，蜂群中有明显分工现象，即有后蜂、职蜂和专司交配的雄蜂。胡蜂的一切活动均以蜂巢为核心。后蜂为上一年秋后交配受精的雌蜂，在避风、恒温场所抱团越冬，翌年春季散团后即分别活动，自行寻找适宜场所营巢产卵。巢一般筑于人家的窗前檐下、树权上或土穴和树洞等避风背阳的环境。后蜂先做一个有几个纸质巢室的小巢，小巢通过一个短柄相接吊悬在空中，小巢中的巢室端部是开口的。后蜂将衔来的虫子尸体、植物碎屑等纤维性组织混合着口腔液体，咀嚼成糊状物，再以触角、上颚、足等协同筑成六角形的巢室。一个巢室产一颗卵，边筑巢边产卵。幼虫孵化后，由后蜂捕捉其他昆虫，经嚼烂后团成球状喂饲，直至幼虫吐丝封口化蛹时，饲幼工作才算结束。由于后蜂秋末前产的卵多为受精卵，故羽化的多为雌蜂，即常见的职蜂，其个体比后蜂略小，无生殖能力。而由未受精卵形成的雄蜂则甚少或无。职蜂出现后，就承担了维持蜂巢的一切工作，蜂巢迅速扩大，后蜂不再进行体力劳动，而是专职产卵。一个成熟的巢群其职

图21-6(①~③) 各种胡蜂巢

图21-7 初建的巢

图21-8 巢内结构

图21-9 纸质结构

蜂数可达6000只,巢室可达1.4万个,直径可达30厘米或更长,其内有4层或更多层水平状排列的巢室,整个巢外用多层的纸质物质完整地包裹起来。

生 活 习 性

　　胡蜂1年常可产生3代,有的种类也产生1代、2代,都以受精雌蜂过冬。到了深秋季节,当气温降低至15~17℃时,蜂群开始离巢;当气温降至11℃左右时,蜂群就会全部离巢,迁居至石洞、草堆等比较温暖处去避寒,常数十、数百只聚拢抱成一团,抵御寒冷。若遇天气时冷时暖,胡蜂就容易产生松抱现象,这会降低耐寒能力,若再遭严寒袭击,就可能大批死亡。第二年春季气温转暖,达到14~15℃时,胡蜂即开始散团,重新活跃起来。

　　胡蜂秉承"人不犯我,我不犯人"的原则,一般不主动攻击人、畜,但是一旦你"捅了马蜂(胡蜂)窝",就会引起蜂群追袭蜇刺,有时可直追百米以上。所以,千万不要招惹它们。杀死一只胡蜂绝不是一个好主意,因为这只垂死的胡蜂会散发一种信息素,向它的同伴发出遇到危险的报警信号,在几秒钟之内这个闯祸的人就会遭到胡蜂的围攻。

图21-10 树叶上的胡蜂

119

专注的传粉昆虫——熊蜂

昆虫名片

中文名:熊蜂　　　　　　世界已知种数:500余种

分类地位:膜翅目 Hymenoptera、　中国已知种数:150余种

蜜蜂科 Apidae、熊蜂属 Bombus　分布:世界各地

体长:15~25毫米

　　一听到熊蜂这个名字,我们就会想到憨态可掬的熊。的确,身上覆盖着一层长长的软毛,确实很可爱,熊蜂的样子就是这样,熊蜂也因此得名。这些软毛在采集花粉时具有重要的作用,特别有利于植物的传粉。熊蜂毛茸茸的身体上粘上很多花粉,在不同花朵间穿梭,使每一朵花儿都享受到爱的甜蜜,结出爱的果实。熊蜂授粉广泛适用于开花结果的农作物,相比于传统的激素授粉、人工授粉,熊蜂授粉具有显著提高果实品质、大幅提高产量、绿色无污染、省时省力等优势,在西方发达国家已经普遍使用,我国也开始逐渐普及,目前在我国大棚中使用熊蜂授粉的较多。

图22-1　身上覆盖软毛的熊蜂

埋 头 采 蜜

科学家们发现,熊蜂是一个非常投入的采蜜者。这样的话,花儿的授粉就会很完全,结出的果实就会很丰硕,不但可以提高产量,而且可以改善蔬菜品质。虽然熊蜂也属于社会性昆虫,但是它没有蜜蜂的社会那么发达,或者说它是一种半社会性的昆虫。与蜜蜂一样,熊蜂也是过集体生活,也分为蜂王、雄蜂和工蜂。但是,熊蜂的通信系统不太发达,当发现一个蜜源地时,没有能力召唤其他的同伴前来采集,因而也不可能依靠群体的力量赶走其他竞争者进而占有这块蜜源地。熊蜂唯一能做的就是埋头苦干,认真采蜜。每只熊蜂都认真地在每一朵花上采蜜,它们从来不想着打架或者逃跑,而且从不挑挑拣拣,什么花儿都采,不像蜜蜂,对于有些特殊气味

图22-2　埋头苦干的采蜜者——熊蜂

的花儿(如番茄等的花)它们就不爱采。过去人们一直把蜜蜂当作爱的使者,现在看来,熊蜂要与蜜蜂比肩了,甚至更胜于蜜蜂。

在自然界中,食物资源往往是分散分布的,难得有集中而丰富的食物基地。所以,熊蜂每次外出采食常常要采几百朵花,这些花大约分布在 500 平方米的范围内。在这个范围内同时还会有其他熊蜂在活动,由于熊蜂没有召唤同伴的通信能力,所以任何一个群体都无法独占一个采食区。在这种情况下,如果停止采食活动而去追逐和攻击其他熊蜂只会给自己带来不利,所以最好的取食对策就是埋头采蜜。事实正是如此,花朵上的熊蜂总是倾全力专心工作,专心致力于采食和提高采食效率,决不花时间和精力去驱赶其他的竞争者。这样大家合起来,就能最有效地利用有限的资源。

生 活 习 性

　　熊蜂用它的3对足将全身绒毛上的花粉粒收集起来,并且把这些花粉粒放到后足的花粉筐内。与蜜蜂相似,熊蜂的腹内也有贮蜜囊,采集到的花蜜可以装入蜜囊带回巢内。熊蜂的2对翅除飞翔外,还可通过扇动来调节巢内的温度和湿度。在它们腹部的末端具有毒腺和尾针,也能蜇刺,是防御和攻击的主要武器。但与蜜蜂有所不同,熊蜂蜇刺后能将尾针拔出,并能进行连续地蜇刺,自己却不会死亡。显然,蜜蜂是通过个体的死亡来保卫集体的安全,一旦遇到威胁就会蜇刺别人;而熊蜂是通过不去招惹别人而发展自己,它的螫针并不常用。所以说,熊蜂没有侵略性,也不会攻击人。

　　熊蜂不但是授粉"先进工作者",而且还是农药是否超标的指示昆虫。因为熊蜂对农药非常敏感,只要农药超标,熊蜂就会很烦躁,很多熊蜂都会因此而死亡。

图22-3　熊蜂的3对足

图22-4　收集花粉粒的熊蜂

特 色 建 巢

　　熊蜂是属于膜翅目、蜜蜂科、熊蜂属的昆虫,全世界已知有500余种,我国已知有150余种,分布极广,其中尤以东北地区和新疆种类丰富。我国是全世界熊蜂种质资源最丰富的国家。同蜜蜂相比,熊蜂群体的寿命要短得多,到秋末就解体了,只留下受过精的蜂王越冬。因此它们不需要为过冬而采集和贮存食物,也不需要在培养大量的新的蜂王和雄蜂上消耗资源。

　　熊蜂建巢非常有意思。新蜂王一般会在花粉球中先产第一窝卵,卵在花粉球中孵化为幼虫,幼虫以花粉为食直到化蛹,最终羽化为工蜂。这时的蜂王才可以称之为真正的蜂王,这些工蜂会服侍蜂王继续产卵,不断扩大自己的队伍。在熊蜂巢中,蜂王是受精的越冬雌熊蜂,它的寿命包括越冬期在内平均为1年,活动时期为3~5个月。当蜂王从蛹内羽化出来但巢内食粮不足的时候,虽然也能在花上采集,但只为自食,不为蜂群采食。蜂王一生只有1次交配现象,它们首次飞出巢外就能交配,交配可在飞翔中进行,也可在地面花草等物体上进行。工蜂在外形上与具有生育能力的蜂王相类似,但在个体大小上有差别。工蜂是繁殖器官发育不全的雌蜂,它们不能和雄蜂交配。自然界中的大量雄蜂是由工蜂产的未受精卵而育成的,仅有极小部分是由蜂王产的未受精卵育成的。雄蜂腹部的末端钝圆,没有尾针,胸背和腹部的彩色带多半是不同的,刚好与头部唇基软毛的色

图22-5　熊蜂蜂王

彩一样。此外,雄蜂还有较长的触角,飞行时发出较混浊的"粗音"。它们的飞行目的不是为了采集食粮,而是为寻找蜂王。雄蜂仅在巢内短时间栖居,羽化出巢后3~5个昼夜就永远离开蜂巢,在巢外过露天生活,并开始与蜂王进行交配活动。雄蜂独自采食,晚上常停留在取食的花上或在草丛内潜伏,其寿命的长短常与气候、交配时间长短有关,一般可以持续1个月左右。

图22-6 熊蜂工蜂

专注的传粉昆虫——熊蜂

无处不在的蚂蚁

昆虫名片

中文名：蚂蚁   世界已知种数：9500 余种

分类地位：膜翅目 Hymenoptera、 中国已知种数：500 余种

蚁科 Formicidae   分布：遍布世界各地

体长：1~20 毫米

  蚂蚁是地球上最常见的昆虫，除极地外，不论是干旱的沙漠，还是湿润的水边，不论是平原还是高山，不论是裸地还是繁茂的森林，所有的土壤表层都有它们的足迹。蚂蚁的体长仅 1~20 毫米，但其数量却远远超过其他昆虫和脊椎动物，大约占全世界动物生物总量的 10%。据科学家们估计，在任何一个时间段，全世界都有大约 1 亿亿（即 10^{16}）只活体蚂蚁。

蚂蚁的巢穴

  蚂蚁是属于膜翅目、蚁科的昆虫。全世界已知大约有 9500 种，我国已

图23-1　蚂蚁间交流信息

图23-2　蚂蚁吃花蜜

知有 500 余种。蚂蚁也是著名的社会性昆虫,离开了集体,个体是无法生存的。它们的社会组织结构非常相似,分工非常明确。跟蜜蜂和白蚁一样,蚂蚁群体中有蚁后、雄蚁和工蚁之分,其中工蚁最常见也最辛苦,但它们却从无怨言。在它们的一生中,默默无闻地承担着照料蚁后、幼蚁,寻找食物,打扫卫生、抵御外来侵略等繁重的工作。

蚂蚁的住所就是它们自建的巢穴。蚁巢能保护蚂蚁不受或少受气候和天敌等外界因素的影响。所有的蚁巢均能成为持续很长时间的巢群。不同种类的蚂蚁,其蚁巢的形状、位置和结构也不同,根据蚁巢的位置和结构可以分为地下巢、木巢和丝巢三种。地下巢是最普通、最原始的一种蚂

图23-3　火山口状的地下巢出口

图23-4　蚂蚁巢穴出口

图23-5　蚁丘

图23-6　黄猄蚁的丝巢

蚁巢穴。蚁巢的入口常有枯枝落叶、草丛等遮掩，难以被发现。有些种类的地下巢是把泥土挖上来，使出口处形成火山口状，这在沙漠中很常见。许多温带种类蚂蚁所筑的地下巢表面常堆成小山状，称为蚁丘，可使蚁巢能更有效地获得热能。简单的洞口并不意味简单的洞穴，蚂蚁的地下洞穴堪称神奇的地下城堡，里面有很多房间，一层一层排列得井然有序，有点像我们人类居住的楼房。房间的分工也比较明确，有蚁后房间、工蚁房间、雄蚁房间、幼蚁房间、储藏室、垃圾室等。这些房间由通道相连，离地面最近的为垃圾室，是为了方便工蚁将垃圾运出去；最深处为幼蚁和蚁后的房间，这是对它们最好的保护。弓背蚁（木匠蚁）多营巢于活树内，沿着树木年轮的柔软部分打隧道筑巢，巢长可达数米，称为木巢。有些蚂蚁可以建造丝巢，多刺蚁属、织叶蚁属和弓背蚁属这三属的蚂蚁都有这个本领。在西双版纳常见的织叶蚁属的黄猄蚁就是织巢高手。工蚁找到一个适宜的树叶后，就把身体伸展在树枝或叶片上，然后收缩身体将枝叶拉在一起。如果树叶之间的距离太远，一只工蚁够不着，那么2只工蚁就会首尾相连,搭成活的"蚁桥",把相邻的枝叶拉到一起。另一些黄猄蚁把幼虫搬到那里,用上颚咬住幼虫体躯的中部,使幼虫的前端能自由活动而吐丝,利用幼虫吐出的丝把这些树叶黏合在一起织成蚁巢。织巢的过程是一个非常壮观的场面,蚁群虽然出动千军万马,声势浩大,但工作起来却井然有序,丝毫不乱。这种把幼虫当作梭子来织巢的方法,是节肢动物中社会合作最明显的例子。所以黄猄蚁又称织巢蚁。

信息素控制

蚂蚁王国的每一个行为都是靠化学物质来调控的,包括直接控制蚂蚁社会的更新换代。当蚁后打算交配的时候,它就爬到一个比较高的地方,然后戳自己悬空的后部,以便释放一种"爱情信息素"。这种信息素可以刺激群体内所有雄蚁的性欲。不同种类的蚂蚁的交配方式也各不相同:无论是在半空中、在地上还是在"交配室"中,蚁后总是被一群被"爱情"冲昏头脑的雄蚁团团包围。

信息素还可以作为报警信号。如果群体受到威胁,很多蚂蚁口器内的一种腺体就会释放出一种"报警信息素"。收到这种信息素后,一些工蚁会抱着幼蚁转移到地下,另外一些工蚁会张着嘴跳起来准备叮咬入侵者。有些种类的蚂蚁中甚至还有保卫蚁,一旦受到外族威胁,保卫蚁便将自己的头部引爆,留下一团黏糊糊的东西,从而减缓入侵者的前进速度。

蚂蚁在寻找食物的过程中,也会用到信息素。寻找食物并把食物安全地带回蚁巢是工蚁的一项重要任务,这关系到整个蚁群的兴衰。收获蚁属的蚂蚁主要以植物种子为食,它们把种子搬回巢内贮藏,以度过干旱和寒冷的季节。有些蚜虫以植物茎、叶、根里的汁为食,它们从植物身上吸取的汁液自己用不完,多余的便从身上渗了出来。这是一种甜甜的分泌物,名叫蜜露,这种蜜露对于蚂蚁具有强大的吸引力。从远古时期开始,许多种

129

图23-7　蚂蚁与蚜虫

类的蚂蚁与蚜虫之间发展了一种互相适应的关系。蚂蚁用触角轻轻敲击蚜虫的腹部，蚜虫便会分泌蜜露。蚂蚁从蚜虫身上获取自己需要的蜜露，同时作为回报，也能保护蚜虫免受其他动物的危害。蚂蚁还把蚜虫带回巢内，保护其过冬。某些切叶蚁会把死昆虫、虫粪或植物叶子、花等带回巢内作为培养基，在其上培植真菌，供自己取食。

　　蚂蚁由于能进行群体捕食，故能捕食体型比其大数倍、甚至数百倍的动物。当蚂蚁找到的食物太大、不能独自搬运回去时，就会很快地返回蚁巢，找同伴帮忙。在奔回蚁巢的过程中，如果遇到另一只蚂蚁，它们就会用2根触角互相触碰一下，在触角接触的过程中，就会将食物的位置信息传递给同伴，这样见一只传一只，就会有越来越多的同伴得到食物的信息。在返回蚁巢的过程中，蚂蚁也会在沿途留下信息素。被动员出来的蚂蚁闻到这种气味就会顺着这个特殊的路标找到食物，浩浩荡荡把食物搬运回巢中。

图23-8　搬运食物

图23-9　搬运食物

最危险的蚂蚁——红火蚁

昆虫名片

中文名:红火蚁　　　　　　世界已知种数:1种

分类地位:膜翅目Hymenoptera、　中国已知种数:1种

蚁科Formicidae　　　　　分布:遍布世界各地

体长:1~10毫米

　　去南方旅游的时候,一定要小心一种蚂蚁。它的个头比一般的蚂蚁稍大一些,体色发红,而且是那种很漂亮的亮红色,看上去还挺可爱。不过千万不要被它的外表所蒙蔽,这种蚂蚁天生具有强烈的攻击性,如果不小心触碰了蚁巢,那可比捅了马蜂窝还危险。一个成熟的蚁巢里面至少有 20 万~50 万只蚂

图24-1　亮红色的红火蚁

131

蚁,它们会从巢内蜂拥而出,以迅雷不及掩耳之势,成群地扑上来,用它们的大颚夹住人的皮肤,再使劲地将腹部末端的有毒螫针刺入皮肤,并反复转动,将其毒囊中的毒液通过螫针注入人的皮肤内。

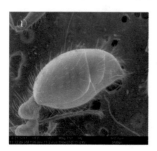 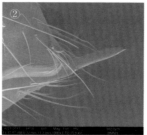 

图24-2(①~③) 红火蚁尾部的刺

可怕的外来者

这种蚂蚁分泌的毒素可使人发生局部或全身的变态反应。被螫者身上先是出现小小的红色螫痕,有火辣辣的灼痛感,然后局部皮肤形成红斑、硬肿,15分钟后出现奇痒,4小时后出现小水泡,8~10小时后,螫痕会慢慢变成大头针大小的脓疱。如果脓疱破裂,常可引起细菌性二次感染。少数体质敏感的人可能发生严重的过敏性反应,严重时毒液中的毒蛋白会使人过敏性休克,甚至死亡。

没想到,这些亮红色的小不点儿,居然还有这致命一螫。这种蚂蚁名叫红火蚁。事实上,红火蚁的可怕之处并非仅限于人身安全,更严峻的是它们会对入侵地生态构成难以估计的灾难。它的食性广泛,可以捕杀昆虫、蚯蚓、青蛙、蜥蜴,也采集植物种子。对于体型相对大的动物,如鸟类和小型哺乳动物等,它们也会选择眼睛等要害器官发动攻击。红火蚁具有极强的生态适应能力,一旦入侵到其他地区,就会严重破坏当地生态环境。红火蚁属于需要重点关注的农业害虫,它们几乎取食所有农作物的幼芽、根、茎等。

红火蚁原产于南美洲巴拉那河流域，是世界上100种危害最为严重的外来入侵物种之一。在世界上许多国家的有害外来入侵物种"黑名单"中，红火蚁均处于"头号通缉"之列。红火蚁不仅有一个火辣辣名字，而且一旦在入侵地成功繁殖，就会取代当地土著的蚂蚁，极难剿灭。因此，红火蚁又有"最危险的蚂蚁"之称。

图24-3　大型工蚁和小型工蚁

形 态 特 征

红火蚁是属于膜翅目、蚁科、切叶蚁亚科、火蚁属的昆虫，是具有高度社会化组织的昆虫。一个蚁群包括有翅雄蚁、有翅雌蚁、蚁后及职蚁（工蚁及兵蚁）。职蚁没有翅，主要工作为搜寻食物，喂食、照顾幼虫及蚁后，防卫巢穴、抵抗入侵者，将蚁后搬离危险处。有翅型个体也就是繁殖个体，住在蚁巢内直到交配时才飞离蚁巢。工蚁个头较小，长1.0~1.5毫米，头部近正方形至略呈心形，前胸背板前侧角圆至轻微的角状；虽同一蚁巢个体间颜

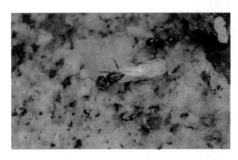

图24-4　有翅雌蚁

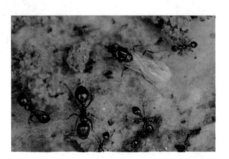

图24-5　有翅雄蚁

色比较一致，但种内颜色变化大，双色，头、胸从橘红色至深红褐色，柄后腹从褐色及第1背板上有大斑，至黑褐色。大型工蚁也就是兵蚁，体长6~7毫米，形态与小型工蚁相似，体橘红色，腹部背板色呈深褐色。有翅型雌蚁体长8~10毫米，头及胸部棕褐色，腹部黑褐色，着生翅2对，头部较大，触角呈膝状，胸部发达，前胸背板亦显著隆起。雌蚁婚飞交配后落地，将翅脱落结巢成为蚁后。蚁后的体形，特别是腹部，可随寿命的增长不断增大。雄蚁体长7~8毫米，体黑色，着生翅2对，头部细小，触角呈丝状，胸部发达，前胸背板显著隆起。

图24-6　红火蚁的卵、幼虫、蛹以及其中的工蚁

图24-7　红火蚁白色的蛹

蚁后刚产下的卵为乳白色、具有黏性，常被工蚁成块地搬起并在蚁巢中移动。卵通常与1龄、2龄幼虫黏结成团，有时幼虫也会取食一些蚁卵。卵经过7~10天的胚胎发育后孵化成无足、污白色、弯卷状幼虫，幼虫体表被有少量疏松、弯曲柔软的毛。幼虫的发育经历4个龄期，个体的大小及体毛的长短随龄期的增长而增长。小型工蚁从卵发育为成虫一般需20~45天，大型工蚁需30~60天，兵蚁、蚁后与雄蚁需180天。

庞大的蚁巢

　　红火蚁属群居地栖性昆虫,并在地下构筑巢穴,称为蚁巢。蚁巢多在地表形成蚁丘,蚁丘主要呈圆丘状、沙堆状,或是几个沙堆连在一起。蚁巢的内部构造类似于蜂巢的蜂窝状结构,十分疏松,是工蚁以泥土修筑而成的,可以说是一个庞大的工程。这种蜂窝结构多位于地面,有的也部分延伸至地下,其中的隧道相互交错贯通,组成一个庞大的隧道系统。蚁巢的下部隧道较为稀疏,由工蚁直接在土中挖掘而成。垂直的隧道最深可达地下109厘米,其作用在于给整个蚁巢输送所需的水分;蚁巢的四周同样有放射形的水平隧道,有助于工蚁去离巢穴较远的地方觅食。

　　蚁巢对外展示的是鬼斧神工,而其内部却隐藏着刀光剑影。红火蚁蚁巢族群可分为单蚁后型和多蚁后型2种。单蚁后型蚁巢只有一只蚁后。如果蚁巢最初是由多只交配雌蚁共同建造,当工蚁产生后只有一只蚁后可以存活下来,因为工蚁会杀死多余的蚁后。

图24-8　红火蚁的沙堆状蚁丘

来自一个蚁群(同一蚁后所产的蚂蚁)的小型工蚁会掠抢附近其他蚁群的幼蚁。随着这些新蚁巢的发展,工蚁会变得具有领域性。工蚁保护蚁巢周围区域免受其他蚁群的侵扰,消灭任何落地并试图在附近建立新蚁群的蚁后。当食物来源发生改变和干扰出现时,单蚁后型蚁巢会在其领土范围内移动。多蚁后型蚁巢由多个蚁丘组成,每个蚁丘中都可能有多只蚁后,工蚁可以在蚁丘间自由移动。蚁丘之间无领域性,且工蚁在蚁丘间活动不会进入敌对群的领地,单位面积上出现的蚁丘数目是单蚁后型的3~10倍。

害虫的天敌——七星瓢虫

昆虫名片

中文名:七星瓢虫　　　　　世界已知种数:1 种

分类地位:鞘翅目 Coleoptera、　中国已知种数:1 种

瓢虫科 Coccinellidae　　　　分布:世界各地

体长:5~7 毫米

提起瓢虫,我们就会想起那可爱的半球形身体,之所以称它为瓢虫,是因为它的身体就像一个缩小版的葫芦瓢。

类 群 特 点

瓢虫是属于鞘翅目、瓢虫科的昆虫,全世界记载的瓢虫大约有 5000 种,我国已记录的大约有 500 种。由于瓢虫不仅种类繁多且变种也很多,所以鞘翅上的颜色和斑纹也很复杂。它们大都是红、黄、黑等底色,并生有黑、红、黄、白等颜色斑点;有的则没有斑点,前胸斑纹也各不相同;或全部黑色

而两侧生有黄、白斑纹，或生有黄白带黑的斑纹。

瓢虫中的益虫和害虫之间有一种奇妙的特性：它们界限分明，互不干扰，互不通婚，各自保持着自己的传统习惯。因而不论传下多少代，不会产生"混血儿"，也不会改变各自的传统习性。它们各踞各的地盘，互不相扰。瓢虫中的益虫和害虫，还可以从其形态上辨别出来：有益的瓢虫，其成虫的背面无毛而有光泽，其触角着生于两复眼之前，上颚有基齿，端部对裂或不裂，其幼虫身上的毛则多而柔软。有害的瓢虫，其成虫背面密生细毛，少光泽，其触角着生于两眼之间，上颚无基齿，端部分稍许多小齿，其幼虫身上则长着坚硬的刺突。

常见的益虫有二星瓢虫、六星瓢虫、七星瓢虫、十二星瓢虫、十三星瓢虫、赤星瓢虫、大红瓢虫等。它们无论是幼虫还是成虫，都善于消灭蚜虫和介壳虫，特别是吃起蚜虫来，简直如同狼吞虎咽一般。

蚜虫的克星

七星瓢虫是我们最熟悉不过的益虫了。如果你在野外看见一只身披红色的外衣，再加上不多不少正好7个黑色小斑点的瓢虫，那就是大名鼎鼎的七星瓢虫了。七星瓢虫深受人们喜爱主要是因为它长得太漂亮了，而且红色在中国又是喜庆的颜色，所以民间对它的叫法也很喜庆，比如"红娘""花大姐"等。在山西，它的名字叫"新媳妇"，这是因为在农村，结婚的时候，新娘子穿的都是大红的衣服，跟七星瓢虫很像啦。小孩子看见七星瓢虫，喜欢将它拿在手里欣赏，但是没想到它会飞，一下子就飞远了。这时候才发现，原来它那硬硬的壳是能打开的，里面还有一对能飞的翅膀。其实，外面的硬壳也是翅膀，专业术语为"鞘翅"。

人们喜爱七星瓢虫，还有一个重要的原因，就是它是捕捉害虫的能手。七星瓢虫是广谱性的害虫天敌，可捕食麦蚜、棉蚜、槐蚜、桃蚜、介壳虫、壁

137

图25-1 漂亮的七星瓢虫

虫等很多害虫。而且它的食量很大,一只七星瓢虫一天可以吃掉130多只蚜虫。因此,它又有了很多名字,如"活农药""麦大夫""害虫克星"等。七星瓢虫的幼虫也很喜欢吃蚜虫,而且食量很大、气势凶猛。幼虫长有一对尖利的大牙,它一闯入蚜虫群中,就开始大口撕咬。为了使自己的子女一出生就能吃到蚜虫,七星瓢虫会专门在那些有蚜虫为害的植物的叶片上产

卵。这样,幼虫一出世,就有了丰富的食物。

七星瓢虫在树干上爬行的时候,稳重、缓慢,它会顺着树枝一直爬到末端,然后就张开翅,飞向天空。它有一定的自

图25-2 七星瓢虫吃蚜虫

卫能力，虽然身体不大，但许多强敌都对它无可奈何。一旦遇到危险，它就会张开翅膀飞走逃离敌害；如果来不及飞走，它还可以通过"装死"的方式瞒天过海，假装从树上掉落在地，脑袋和脚都收缩到身子底下，敌害以为它死了也就放过它了。这两种本领都是逃避敌人的办法。它还有一种积极进攻的方法就是释放"化学武器"。它的"化学武器"装在3对足的关节上，当遇

图25-3　七星瓢虫寻找食物

到敌害侵袭时，它的足关节就会释放一种极难闻的黄色液体，使敌害望而却步、仓皇逃走。

七星瓢虫的一生

139

　　七星瓢虫一生要经过卵、幼虫、蛹和成虫共4个不同的发育阶段。雌雄成虫交配以后，雌成虫将卵产于小麦叶片背面和麦穗上，有的产于土块表面或缝隙内。卵呈纺锤形，橙黄色。卵孵化后，爬出来的小幼虫会停在卵壳上几小时，随后小幼虫分散觅食。幼虫有4个龄期，每蜕一次皮增大1个龄期。幼虫在食料缺乏、密度过大和龄期不一的情况下会有自相残杀的习性。化蛹前，4龄幼虫不食不动。蛹多数裸露。刚羽化的成虫鞘翅呈

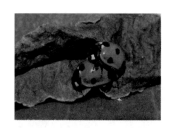

图25-4　交尾

图25-5　产卵

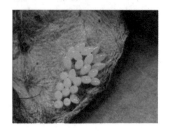

图25-6　卵

图25-7　幼虫

图25-8　蛹

嫩黄色,非常柔软,浅色而无斑纹,3~4小时后逐渐由黄色变为橙红色,同时两鞘翅上出现7个黑斑点。成虫可生存1年左右,生活2年也较常见。有些成虫如果没有合适的产卵条件,可以不产卵而度过第二个冬天。

七星瓢虫在我国一年发生4~7代,以成虫在土块下、小麦分蘖及根茎间的土缝中越冬。等气温升到10℃以上时,越冬的七星瓢虫就会苏醒过来并开始活动,在麦类和油菜植物株上寻找蚜虫。随着气温升高,食物也会越来越丰盛,七星瓢虫开始大量繁殖,忙忙碌碌为农民伯伯扫除蚜虫、疥虫等害虫。秋天温度下降,田间七星瓢虫的数量减少,它们常在玉米、萝卜和白菜等处产卵。

七星瓢虫是农业上一种重要的捕食性天敌昆虫,20世纪70年代在黄河下游已开始用助迁法防治棉花蚜虫和小麦蚜虫,20世纪90年代开始人工繁殖,并用于生产。21世纪是生态农业蓬勃发展的世纪,在绿色农产品的生产和害虫防治中,七星瓢虫的生物防治的研究和应用受到了广泛关注。

成年威武少时吃土的独角仙

昆虫名片

中文名：独角仙

世界已知种数：1 种

分类地位：鞘翅目 Coleoptera、

中国已知种数：1 种

犀金龟科 Dynastidae

分布：我国中部、南部、西

体长：35~60 毫米（不包括头上的角）

南部，朝鲜、日本等地

体宽：18~38 毫米

相信不少小朋友都养过独角仙吧。一只肥嘟嘟的大肉虫子，经过化蛹，然后羽化为一只威武雄壮、头上长着一只大角的大型鞘翅昆虫。独角仙的大角是一根向前伸出很长的突起，突起的尖端又有分叉，如同鹿角，这个奇特的角的长度几乎是其身体长度的一半，显得非常神奇而怪异。

141

形 态 特 征

独角仙又名双叉犀金龟，我国台湾地区称它兜虫，属于鞘翅目、犀金龟科。独角仙体型很大,属于昆虫王国中的大型种类,不包括头上的角,其体长就达35~60毫米,体宽18~38毫米。它的身体呈椭圆形,背面隆起,全身几乎都披着坚硬的革质"铠甲",呈栗褐色或深棕褐色,并有光泽。有趣的是,独角仙并非是真正的独角,在它的前胸背板上还有一个像鹿角叉一样的小角,与头上的独角前后"呼应",显得非常雄壮而威武,但这样怪异的角

图26-1 独角仙雌雄成虫

只是雄独角仙所专有。雌独角仙与雄独角仙的体形有很大的区别,头上和前胸都没有角,且体形稍小,但头顶中央隆起,横列有3个小突,前胸背板前部中央有"丁"字形凹沟,背面较暗。

独角仙号称"甲虫之王"绝非浪得虚名。它力大无穷,在昆虫世界中,要找出一个能与之匹敌的对手并不容易。独角仙尽管体重只有20克,却能举起相当于自身质量850倍的物体,也就是17千克的东西。相比之下,号称"力大无比"的非洲象却只能举起相当于自身质量1/4的物体。

威武的大角

独角仙喜欢生活在河溪岸边杂草丛生的柳树和榆树等树林中,以树木的汁液为食,尤其喜爱吸食榆树伤疤处外溢出来的汁液。它的"鼻子"长在触角上,可以嗅到树汁发酵的味道,然后追寻着这气味就能找到可口的食物。独角仙头上的大角,使整个身体显得头重脚轻,走起路来步履蹒跚。不过,因为它的"力大无比",所以它的取食行为非常霸道。如果发现金龟子、蜂和蝶等其他昆虫已经在树的伤疤处觅食时,独角仙便用头上的角冲撞和驱逐它们,有时甚至还会像推土机一样展开地毯式攻击,把其他昆虫

图26-2　独角仙展翅图

推开，然后独自嚼吮树上的汁液。如果遇到同类，先来的也不会与它分享食物，而后来的也不会放弃这顿美餐，所以它们要先审视一下对方，比较一下谁的角更大、更粗壮有力。如果实力相差过多，一般就会有一方主动放弃；如果实力相差不多，那就要开始一场食物争夺战了。它们会用自己的6只脚抓紧树皮，想尽办法将自己的大角插到对方的身体和树皮之间的空隙里。一旦成功就用力地一抬头，这样对方就会被扔出去，失败的一方会逃之夭夭。如果碰到食虫鸟类，这时其他昆虫早已飞离逃生，唯有独角仙却像大将军那样"泰然处之"，并且从腹部侧面的发声器官中发出"咯吱咯吱"的响声来吓唬入侵的鸟类。

　　不过，雄独角仙大角的主要用途却是用来争夺配偶而进行战斗的武器。在求偶季节里，一旦两雄相遇，就要用这根"令人生畏"的独角，展开一场角对角的激烈厮杀。它们用角推来顶去，甚至会把自己的角伸到对方的腹部下面，拼命地试图将对手挑起来，然后往上一举，使对方6足悬空，然后再狠狠地掀翻在地上。有时候，鏖战正酣的雄独角仙甚至会突然冲向旁边"观战"的雌独角仙，错把雌独角仙也当成"情敌"，高高地举起来就走。激烈的战斗过后，失败者只能悻悻地走开，而胜利者就拥有了与雌独角仙交配的权利。

图26-3　独角仙交尾

独角仙的一生

独角仙分布于我国中部、南部、西南部,和朝鲜、日本等地。每年发生1代,每年6—8月出现,成虫的寿命一般不超过3个月。雌性在交配之后,会寻找富含腐殖质的土壤,将卵产在土里。卵经过10多天后孵化为幼虫,幼虫期长达10个月左右,蜕皮2次,共3个龄期。

独角仙的卵乳白色、卵圆形,大小如大米粒。卵孵化为幼虫后,以土壤内的腐殖质为食,整个幼虫期都过着吃土的生活。幼虫外表乳白色,身体弯曲呈月牙形,也称蛴螬型,每蜕一次皮,会长大一些,3龄幼虫又肥又大,体长10厘米左右。幼虫的身体两侧有一排小点,那是它呼吸用的气孔,皮肤上面还有很多用于感知的刚毛。胸部的6只短足几乎不能在地面上爬行,只能在土里钻来钻去。

独角仙以3龄幼虫在温暖潮湿的地下越冬,等到来年春暖花开的时候,老熟幼虫就要准备化蛹了,这时候它的皮肤会有很多褶皱,很显然新的皮肤已经形成,旧的皮肤就要被蜕掉。但这次蜕皮的意义非常重大,它要变成具有成虫所有器官的蛹。它会在地下给自己建造一个蛹室。蛹室建造好以后它就不食不动了,在大约2周的时间里,它的身体内部会发生翻天覆地的变化。幼虫的所有器官都会消失,新的器官逐渐形成,最后变成跟成虫很像的蛹,然后挣脱幼虫的外皮,将外皮蜕掉。刚化的蛹是白色的,慢慢地,蛹的颜色会越来越深,最后变成了深褐色。随着时间的流逝,成虫的体态开始形成,透过蛹壳,可以看见成虫深色的大角和6只脚。很快一个新的生命要破蛹而出了。

刚羽化的独角仙身体其他部分都是棕红色,只有鞘翅是白色的,而且很柔软。经过几小时的时间,鞘翅会慢慢变硬,颜色也越来越深,最后和身体其他部位一致。羽化后的成虫并不急着爬上地面,而是在自己的蛹室内再蛰伏1~2周,然后才会从黑暗的地下爬出,来到缤纷的外部世界,寻找配偶,繁衍后代,走完生命的历程。

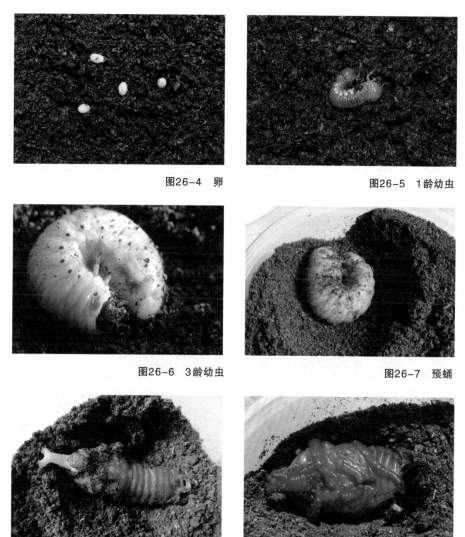

图26-4　卵

图26-5　1龄幼虫

图26-6　3龄幼虫

图26-7　预蛹

图26-8　化蛹

图26-9　蛹

成年威武少时吃土的独角仙

图26-10　即将羽化的蛹

图26-11　刚羽化的成虫

图26-12　鞘翅颜色较浅

图26-13　鞘翅颜色变深

形似铁锹头顶"鹿角"——锹甲

昆虫名片

中文名:锹甲

分类地位:鞘翅目 Coleoptera、
锹甲科 Lucanidae

体长:3~8 厘米

世界已知种数:800 余种

中国已知种数:150 余种

分布:世界各地,主要分布
于热带地区

一提到锹甲,人们就会想到它那 2 只神奇的大角。这 2 只大角其实是锹甲特化的上颚,尤其是雄性锹甲,上颚更是非常发达,而且其内缘还生有长短不一、数量不等、或向内或向上的齿突,多呈鹿角状。锹甲的得名源于它并拢的 2 个鞘翅形似铁锹,所以也称为锹形虫,又因为很多种类具有发达的像鹿角一样的大角,因此也叫鹿角虫或鹿角锹形虫。

图27-1 巨颚叉角锹

147

打 斗 神 器

锹甲具有好斗的习性,尤其是雄性锹甲,否则,头上那2只大角就只是摆设了。无论是为了争夺食物、驱逐入侵之敌,或者在路上偶遇其他甲虫或小动物时,锹甲都会举起那2只大角,英勇搏斗,绝不退让。相比之下,雌锹甲的头部没有长角,性情也比雄锹甲温和很多。

图27-2(①~⑥) 中华大锹各种打斗场景

不过,最激烈的战斗还是在争夺交配权的时候,往往发生在2只或多只雄锹甲之间。它们的一对"大牙"已失去了取食的功能,而成为专门进行格斗的武器,在争夺配偶的过程中发挥重要的作用。

尽管锹甲的身体有些笨拙,但当战斗展开以后,它们却是互不相让,用它们的长角相互冲撞、钳制、拨挑,厮杀得难解难分。最后的结果当然大多是体型较大的一方取得胜利,失败者往往会被当场掀翻在地,颜面扫地。有时双方也会斗得肢体残缺,两败俱伤,但一般不至于打斗致死,因为它们上颚的肌肉很脆弱,不能狠命撕咬对方而置对方于死地。但是,被打翻在地的锹甲腹部朝天,需要很长时间才能翻过身来,因此它会很容易被鸟类等天敌吃掉。

形 态 特 征

　　锹甲是属于鞘翅目、锹甲科的昆虫,全世界已知约有 800 种,我国已知大约有 150 种。锹甲一般多生活于森林地带,可以自由飞翔。它们除寻觅异性外,一般均单独行动,只是偶尔会见到成对的锹甲在同一棵树上觅食,估计也是偶尔碰上的吧。在林地内,除少数种类昼夜都可活动外,大多数种类的锹甲喜欢在夜间活动。白天,雌锹甲大都躲在大树洞或树干的缝隙里,有时也躲在朽木和石头上休息。到了夜色降临以后,它们才飞出来觅食,吸食树干上渗出的树汁,而雌锹甲尤其对熟透了的水果的甜汁感兴趣。无论白天还是夜晚,锹甲都具有趋光性,喜欢朝向亮光处飞翔。

　　锹甲的体形大多为长椭圆形或卵圆形,背腹扁圆, 但变化多样、亮丽奇特,举止优雅。身体的颜色多为棕褐色、黑褐至黑色,其间也嵌有黄色或红色的斑纹,或者周身铜色,具有金属光泽,既雄壮又漂亮。它的头

图27-3　雌雄中华大锹

部扁宽,触角有 10 节,呈膝状,端部 3~6 节相对前几节扁长,呈扇叶状。复眼隆凸,通常不是很大,有时刺突延长达到眼的后缘而把眼分为上、下两个部分。头上的"鹿角"则是它们作战的武器。锹甲具有典型的性二型特征,雌性与雄性相比体型略小,最明显的区别是其上颚较雄性简单、短小。锹甲的前胸背板横宽,两侧弧圆,常常侧缘或具凹缺,或生有角突。小盾片发

形似铁锹头顶"鹿角"——锹甲

达,呈钝三角形或舌形。鞘翅发达,呈长椭圆形并将腹部覆盖,有些种类锹甲的鞘翅面常生有纵向沟纹。腹面多光洁,腹节可见5节。前足胫节外缘自基部向端部排列若干个齿突。跗节5节。爪成对简单,呈2齿形,大且呈弯钩状。

图27-4 彩虹锹甲   图27-5 路德金鬼艳锹甲

锹甲的一生

    锹甲的卵为淡黄色,圆形。雌锹甲通常选择林间枯死的树干或腐朽的倒木等处产卵,也有的将卵产在腐殖土或锯木屑里。在产卵时,它咬破枯死的树干表皮至朽木组织,将卵一粒粒地产在咬出的小孔里,或钻咬出隧道,再将卵随意地产在其中。它的卵在适宜的温湿环境里,经过1周左右的时间,就能孵化出幼虫。

    锹甲幼虫为蛴螬形,孵化初期为乳白色,随着成长发育渐呈米黄色。幼虫孵化以后,经过一定时间要蜕皮一次,每蜕一次皮即为增长1龄,总共要经过3个龄期的发育成长过程。每个龄期发育的时间长短各异,1龄和2龄幼虫成长时间较短,一般在1个月左右,而越冬幼虫则需2个月以上。3龄幼虫成长时间较长,均需6~7个月,个别幼虫发育缓慢,需要更长时间。

    幼虫的身体肥大,呈"C"形,活动自如。它们生活于朽木或腐殖土中,活动范围很小。随着食物的不断摄入,其体背呈现灰褐色或蓝灰色。幼虫的上颚也很发达,身体前部可见 3 对足,尾部肛裂呈现纵向形状。

当 3 龄幼虫成长发育至老熟时,就逐渐减少食量,进而不食不动,经过 1 个月左右的时间,通过蜕皮完成化蛹。锹甲的蛹在外形上已经接

图27-6 狭长前锹甲

近成虫,初期体色浅淡,以后随着慢慢发育,体色逐渐变深,头、上颚、足及翅均垂缩于腹面。蛹经过一段时间的不食不动,便羽化成虫,这一系列的成长变化也是通过蜕皮来完成的。

一身铠甲、头戴"鹿角"、色泽艳丽、雌雄二型的锹甲一直受到很多昆虫爱好者的青睐。无论是收藏锹甲标本,还是作为宠物饲养,锹甲都是很受欢迎的昆虫。由于锹甲的幼虫只要放在富含腐殖质的土中就可以生存,而成虫也有了营养又可口的果冻吃,所以饲养锹甲应该是一件比较容易的事情,而观赏锹甲的成长过程才是锹甲饲养者的兴趣所在。

图27-7 红背六节锯锹

形似铁锹头顶"鹿角"——锹甲

大自然的清道夫——屎壳郎

昆虫名片

中文名:屎壳郎　　　　　世界已知种数:2300 余种

分类地位:鞘翅目 Coleoptera、　中国已知种数:100 余种

粪金龟科 Geotrupidae　　　分布:除南极洲外的各大陆

体长:雄虫 3.3~3.8 厘米

夏秋季节,在田野和道路旁,你可能看到一对对油黑肥胖的甲虫,在滚动着一团灰黑色的小球,那你是碰上屎壳郎推粪球了。不妨停下来仔细观察一下,看看屎壳郎是怎么推动粪球的。

怎样推动粪球

原来,屎壳郎在推粪球时,是一雄一雌,一只在前,一只在后。前面的一只用后足抓紧粪球、前足行走,后面的一只用前足抓紧粪球、后足行走。碰上障碍物推不动时,后面的就把头俯下来,用力向前顶。在推粪球的过

程中,粪球会越滚越大,甚至比它们的身体还要大。这时,一对屎壳郎仍然不避陡坡险沟,前拉后推,大有不达目的誓不罢休的气势。有时候也会有一只屎壳郎推粪球的情况。

图28-1　雄雌屎壳郎一起推粪球

　　屎壳郎的头前面非常宽,上面还长着一排坚硬的角,排列成半圆形,很像一把种田用的圆形钉耙,可以用来挖掘和切割,收集它所中意的粪便。它们用头上这把"钉耙"将潮湿的粪便堆积在一起,压在身体下面,推送到后腿之间,用细长而略弯的后腿将粪土压在身体下面来回地搓滚,再经过慢慢地旋转,就成了枣子那么大的圆球。然后,它们就把圆圆的粪球推着滚动起来,并粘上一层又一层的土,有时地面上的土太干粘不上去,它们还会自己在上面排一些粪便。

153

图28-2　屎壳郎做粪球

粪球的奥秘

屎壳郎以粪便为食,是大自然的清道夫。凭借敏锐的嗅觉,它们能够从很远的地方闻到动物刚排出的粪便的气味。屎壳郎一旦发现粪源就如获至宝,急忙搬运,而快速搬运的方法,当然就是滚动了。有时候,屎壳郎为了争夺粪球,还要进行争斗,它们互相扯扭着,腿与腿相绞,关节与关节相缠,发出类似金属相锉的声音。胜利者爬到粪球上,继续滚动前行;失败者被驱逐后,只有走到一边,重新寻找属于自己的"小弹丸"。也有时候,它们并不甘心失败,还会耐着性子,准备用更狡猾的手段伺机偷盗到一个粪球。

图28-3 屎壳郎的食物储藏室

但事实上,这个圆球只不过是屎壳郎的食物储藏室而已。屎壳郎推粪球是为它们的儿女贮备食料。雌雄成虫把粪球推到事先挖好的地下贮藏室内放好,以此作为幼虫的储备粮。而且每当雌屎壳郎分娩时,便在每个粪球上方的中心产下一枚卵,这个粪球就是即将出世的幼虫所需的全部口粮,其能量足够它化蛹后直至变为成虫为止。

屎壳郎把粪球推到一个合适的地方后,就用头上的角和3对足,将粪球下面的土挖松,使粪球逐渐下沉,再将松土从粪球四周翻上来。这样大约不停地忙碌2天时间,直到粪球下沉到土中。然后,屎壳郎环绕着粪球做成一道圆环,施以压力,直至把圆环压成沟槽,做成一个颈状。这样,球的一端就做出了一个凸起。在凸起的中央,再加压力,就成了一个好似火山口的凹穴，边缘很厚；凹穴渐深，边缘也就渐薄，最后形成一个包袋。包袋内部磨光以后，雌屎壳郎就在粪球上产卵。这时，屎壳郎才算把一场繁忙的传宗接代的工作完成，然后从松土中爬出来，再逐层将土压紧，直至与地面齐平。

图28-4　不避艰难推粪球

卵产在里面大约 7~10 天后孵化出白色透明的幼虫。幼虫毫不迟延，立刻就开始吃四围的墙壁上的粪便，而且总是从比较厚的地方吃起，以免弄破墙壁，使自己从里面掉出来。不久，它们就变得肥胖起来，背部隆起，形态臃肿。它们经过蛹变为成虫大约需要 3 个月，所需的营养全部来自这个粪球。

大自然的清道夫

屎壳郎也叫推粪虫，不过蜣螂才是它比较学术化的名字。蜣螂原本是一群默默无闻、不受关注的类群，但澳大利亚的一次引入事件却使得它们一举成名。澳大利亚自 1786 年由英国移民带入了第一批奶牛，之后又从欧洲引入了大批牛羊种群，结果牛羊大量繁殖，牛粪大量堆积在牧场上，使牧草枯萎，从中又滋生着大批蚊蝇，吮吸人畜血液，传播疾病，搞得举国不安。澳大利亚本土虽然也有"推粪球"的蜣螂，但是它们只喜欢推袋鼠的粪便，对牛羊的粪便却从不问津。

　　为此澳大利亚成立了"蜣螂研究所",并且经过研究发现原产于中国的神农蜣螂,以及原产于欧洲和美洲的蜣螂都嗜食牛羊粪。于是,这些蜣螂便乘上了飞机,远渡重洋到遥远的澳大利亚安家落户,大量繁殖,在牧场上清除牛羊粪便。不久以后,澳大利亚几个大牧场中生活的450万头牛羊每天排泄的粪统统被蜣螂日夜不停地清理掉了,并且又将食后的粪便排入表土下面,既松了土又成了改造土壤的肥料。推粪虫——蜣螂在澳大利亚群聚大会师后,战绩辉煌,显赫一时,成了农牧业的头条新闻。澳大利亚甚至要为"屎克郎"建了一座纪念碑来表彰蜣螂为人类所做的贡献。

水中蛟龙——龙虱

昆虫名片

中文名：龙虱

分类地位：鞘翅目 Coleoptera、龙虱科 Dytiscidae

体长：1.3~4.0 厘米，最长的可达 5.5 厘米

世界已知种数：4000 余种

中国已知种数：230 余种

分布：世界各地

在昆虫世界里，龙虱是最适合在水中生活的昆虫，光滑的身体、流线型的外形，最适合在水中穿行。但这样的造型也没有妨碍它在空中飞行，有时候还会在陆地上走走，有能力就是任性。不过大部分时间它还是在水中度过的，而且有一套适合水

图29-1　水中蛟龙——龙虱

中生活的换气系统。不仅如此，它还十分贪吃，不仅吃小虾、蝌蚪、小虫，连比它大好几倍的青蛙、小鱼，它也要发动攻击。如果其中一只将小鱼或青蛙咬伤以后，其他伙伴就会循着血腥味蜂拥而至，分享"盛宴"。这就是水中蛟龙——龙虱。

生 活 习 性

龙虱有很多俗名，比如黑壳虫、水龟子、水鳖虫、射尿龟、小龟子等，属于鞘翅目、龙虱科，全球有4000余种，我国超过了230种。龙虱是完全变

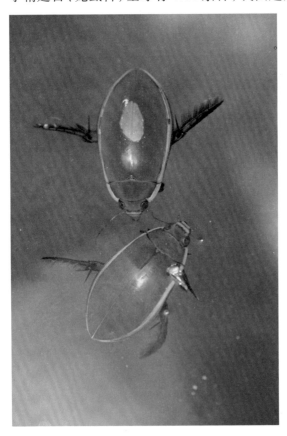

图29-2　龙虱成虫

态的昆虫，一生要经过卵、幼虫、蛹、成虫共4个阶段。1~2年完成1代。龙虱是雌雄异型，雄龙虱前足跗节基部膨大成圆形吸盘，称为抱握足，而雌龙虱没有。到了性成熟发育期，雄龙虱便追赶雌龙虱，用它的抱握足分泌出的黏液抱住雌龙虱光滑的鞘翅前部两侧，并爬到雌龙虱体背进行交配。交配完以后，雌龙虱把受精卵产于水草茎秆组织中，靠水的温度孵化出小幼虫。孵化出来的幼虫又称水蜈蚣，身体细长，头上长着巨大的颚，

像 2 把镰刀，还长有 6~9 节的短触角、须和 2 小簇单眼，它有 3 对胸足，能在水中用足划水，同时摆动腹部，游得很快。幼虫经过 1 个多月的发育成长、蜕皮，就离开水域，到岸边掘洞躲藏。它蜕去原来的褐色"外套"，变成白色的蛹。这时候，它就不吃不喝了。再经过 10 多天，它们就变为成虫了。

图29-3　龙虱抢夺食物

龙虱的幼虫与成虫一样贪吃，一昼夜能吃掉 50 多只蝌蚪，甚至幼虫们在一起也会互相残杀，斗得你死我活。幼虫上颚尖锐、弯曲，内有孔道，能吸食动物汁液。当用颚扎住猎物后，水蜈蚣就吐出一种特殊的有毒液体，经由管道进入猎物体内，使猎物麻痹。接着，它又吐出一种具有消化能力的液体，以同样方法进入猎物体内来溶解并消化猎物。然后，幼虫的咽喉便像唧筒一样工作着，把消化后的营养物质吸进体内。这是一种特殊的消化方式，叫作体外消化。

图29-4　龙虱的后足游泳足

龙虱喜欢生活在水草丰盛的池沼、河沟和山涧等处。其后足发达，侧扁如桨，上面长着许多弹性的刚毛。在划水时，刚毛时缩时松，有利于快速游泳。它们常常游到水面，将头朝下停在水里，把腹部尖端露出水面，不久便又潜进水下去了。它们也有放臭气的习性，危急时就从尾部放出黄色的液体或臭气。

水 下 呼 吸

龙虱长有两排贯通全身的气管,开口位于腹部上面,叫作气门。在它的鞘翅和腹部之间贮存着空气,可以通过气管供给体内。气门口上生有很多刚毛,像一个"过滤器",可以让空气通过,滤去杂质。龙虱通过把用过的空气从气管中排出,再把新鲜的空气吸入气管,从而在水中不停地上浮与下沉。

此外,在龙虱坚硬的鞘翅下,还有一个专门用来贮存空气的气囊,在龙虱的腹部形成一个像氧气袋的大气泡。比人类制造的氧气瓶更奇妙的是,这个气囊不但能贮存空气,还能够生产出氧气供龙虱使用。原来,当龙虱刚潜入水中的时候,气囊中的氧气大约占21%,氮气占79%,而这时,水中溶解的氧却占33%,氮占64%,还有3%是二氧化碳。随着龙虱在水中不断地消耗氧气,气囊内和水中的气体含量更加不平衡。于是,多余的氮气就会从气囊中扩散出来,而周围水中的氧气却乘虚而入,进入气囊。由于氧气向气囊内渗入的速度比氮气扩散的速度快3倍,水中的氧气就能源源不断地补充进来,供龙虱呼吸。直到气囊内的氮气扩散得差不多,不能再渗入氧气的时候,龙虱才会浮出水面,重新将鞘翅下的空间贮满新鲜的空气,然后再次潜入水下遨游。

图29-5 龙虱水下遨游

行走的仙人掌——洋辣子

昆虫名片

中文名:刺蛾(幼虫:洋辣子)　　世界已知种数:约 1000 种

分类地位:鳞翅目 Lepidoptera、　中国已知种数:90 余种

刺蛾科 Limacodidae　　　　　　分布:世界广泛分布,但热

体长:15~16 毫米　　　　　　　带地区最为丰富

翅展:36~40 毫米

　　毛毛虫已经让很多人害怕了,更何况带毒毛的毛毛虫。相信很多爱爬树的小朋友都被这种带毒毛的毛毛虫伤害过。有时候在树下玩,突然感到手上或者脖子上一阵刺痛,那基本上就是这种毛毛虫不小心从树叶上掉到你的身上了。绝大多数的毛毛虫对人体都是无害的,只是它们身上或长或短密密麻麻的毛让人有不适感而已。但是这种带毒毛的毛毛虫我们还是要小心点,尽量不要让它跟我们亲密接触。这种毛毛虫俗称洋辣子,北京人叫"溃溃儿",意思就是这种虫子的毒刺或体液沾到人身上,把人给"溃着了"。被"溃着了"的感觉那可不好受,那是一种火烧火燎又万分攻心的剧痛,保准你以后对这种虫子敬而远之!如果你是过敏体质,那就更可怕了,

161

有可能会昏迷甚至休克,重则危及生命。

有 毒 昆 虫

　　洋辣子身上的刺毛本身没有毒性,只是毛根部有毒腺细胞可以分泌毒液,这是昆虫的一种自卫反应。当鸟儿等天敌侵犯它的时候,洋辣子毛根部的毒腺细胞分泌的毒液就会经过毛管注入天敌的皮肤。试想一下,天敌被它蜇了以后会多么的痛苦。慢慢地,这种毒性和这种刺毛就在天敌的脑子里发生了关联:身上带有这种刺毛的毛毛虫千万不要碰,它是有毒的。这种关联甚至会传递到下一代。就连人类也深受其害,遇到这样的虫子,家长会告诉孩子"千万别碰它",很多人出于好奇,或者不小心触碰了它,不知道承受了多大的痛苦呢!

图30-1　正在吃树叶的洋辣子

昆虫在4亿年的进化过程中，形成了很多防御机制，比如拟态、保护色、警戒色，还有假死现象等，都是为了能在这个世界上占有一席之地。而有一些昆虫则进化为有毒昆虫。有毒昆虫也有很多不同的类型，比如蜜蜂、马蜂、红火蚁等昆虫是利用腹部末端针状组织刺穿动物皮肤后注入毒液；金斑蝶幼虫则是被吃掉后将其毒液带入动物体内引发中毒现象；气步甲和屁步甲在遇见敌害时尾部发出爆响，喷射出具有恶臭的高温液体"炮弹"，同时产生黄色的烟雾和毒气；而洋辣子是通过毒液接触动物皮肤后，引起皮肤局部发生痛痒、发热等症状。与洋辣子类似的还有桑毛虫、松毛虫等，它们都是通过刺毛将毒液分泌到动物的皮肤上。另外，芫菁也是将毒液分泌到动物的皮肤上，只是分泌毒液的位置不是刺毛，而是足的基节。

生 活 习 性

　　洋辣子主要在枣树、梨树、柿树、杨树、柳树、槐树的树叶上生活，以树叶为食。夏季是洋辣子的"高发期"，如果你正好在树下乘凉，或者摘果子，那可千万要小心。不过，被"洋辣子"蜇了以后，也不要过分慌张，只需用嘴把毒毛吹掉，然后用胶带粘贴受伤部位，把刺入皮肤的细毛给清理掉。因为洋辣子的毒是酸性的，所以可以将浓肥皂水涂患处，也可以涂一些牙膏来减轻疼痛。要是有过敏性反应就得尽快到医院治疗了。

　　虽然，洋辣子在树叶上生活，并以树叶为食，但大量发生的时候，也会看到它们在树干上爬行，有时候我们甚至会在地

图30-2　浑身刺毛的洋辣子

上看见它们。尽管洋辣子对人类的身体有一定的伤害,但还是有人亲切地称它们为"行走的仙人掌"。的确很像,仙人掌是绿色植物,身上有很多尖刺,而洋辣子的身体也是绿色,身上有很多刺毛。绿色的洋辣子在绿色的植物叶子上生活,一般情况下是很难被发现的,这也是它保护自己的一种方式。

图30-3　洋辣子在树干上爬行

生 长 发 育

　　洋辣子是鳞翅目、刺蛾科昆虫幼虫的统称,又名麻叫子、痒辣子、杨喇子、毒毛虫、刺毛花、火辣子、八角丁等。刺蛾科昆虫种类较多,全世界约有1000种,我国有90余种,我国除了贵州、西藏目前尚无记录外,几乎遍布其他所有地区。常见的有褐边绿刺蛾、黄刺蛾、中国绿刺蛾等。

　　刺蛾在北方1年发生1代,成虫昼伏夜出,有趋光性。雌雄蛾交配以后,雌蛾将卵产在叶子背面的主脉附近,一般一次产100多粒卵,并呈鱼鳞状排列。大多数种

图30-4　刺蛾

类幼虫共有 8 个龄期，也有 9 个龄期的。刚孵化的幼虫有吃掉卵壳的习惯，1 天后蜕皮，然后开始啃食寄主植物的叶肉；低龄幼虫有群集习性，它们喜欢扎堆，常常看到一片叶子上密密麻麻一排幼虫在蚕食叶肉；4 龄以后幼虫逐渐分散，独自生活。秋后老熟幼虫常在树枝分叉、枝条和叶柄上吐丝结茧，并在茧中度过漫长的冬季直到来年 5 月中下旬才开始化蛹，6 月上中旬羽化为成虫。

洋 辣 子 罐

刺蛾的茧也很有特色，呈椭圆形，灰白色，表面非常光滑，而且质地很坚硬，茧壳上还有几道长短不一的褐色纵纹，很像鸟雀的蛋，《本草纲目》中称之为"雀瓮"，是一种中药。刺蛾的茧大多都结在棘枝上，所以也叫它"棘刚子"，民间也称它为洋辣子豆，或者洋辣子罐。另外，刺蛾的茧也与蓖麻

图30-5　春季的洋辣子罐

籽很像,无论是它的大小、颜色,还是纹路几乎一模一样,很神奇吧。

　　近年来,在洋辣子罐中的老熟幼虫成了人们追捧的昆虫食品。虽然没结茧之前,洋辣子是我们非常恐惧的昆虫,但结茧之后,它就变得温顺多了。小时候,一到冬天我们就去枣树、柿子树的树枝上找洋辣子罐,回到家以后把其埋到刚熄灭的柴火堆里,几分钟以后拿出来,打开外壳,就可以吃上香脆可口、泛着油光的高蛋白食品了。如今,这些洋辣子罐已经上了餐桌,成为个性化的美味了,而且价格不菲呀。

图30-6(①~⑥)　冬季的各种洋辣子罐

色彩斑斓的蝴蝶

昆虫名片

中文名:蝴蝶

分类地位:鳞翅目 Lepidoptera、
蝶类 Rhopalocera

体长:15~90 毫米

翅展:16~270 毫米

世界已知种数:19000 余种

中国已知种数:1300 余种

分布:南至赤道,北至北极圈内

每当看到花草丛中翩翩起舞的彩蝶,人们总会陷入无穷无尽的遐想。"蝴蝶飞啊,蝴蝶舞,常于百花争芬芳。"蝴蝶是自然界中最能展示缤纷色彩的小动物。它们是大自然的骄子,是美的化身,是吉祥如意的象征。古往今来,多少文人墨客为之痴狂。

闪闪的蝶翅

然而,对于蝴蝶来说,这些美丽的色彩并不是为了让人赏心悦目,也不是为了给文人抒发情怀提供素材。在随时都会有危险发生的野外,蝴蝶的这些色彩只是为了能够很好地保护自己罢了。

蝴蝶的色彩主要表现在翅膀上。蝴蝶的翅膀有的似精美的刺绣,有的如闪烁的彩屏……这些色彩也是它们身份的一个标志。不同颜色的翅膀标志了不同的身份,即使在很远的地方,蝴蝶也能从万千形态和色彩中识别出同伴,甚至可以辨别出性别。

图31-1(①~⑧) 各种色彩的蝶翅

巧妙的伪装

有些蝴蝶翅膀的色彩能够起到伪装的作用,例如枯叶蝶,当它们在树叶上休息时,其前后翅竖起来,伪装成一片具有叶柄的椭圆形的大叶片。其颜色基本与枯叶一致。翅反面的花纹具有树叶的中脉,甚至叶缘还有霉斑或者蛀孔。如果站在枯叶上，真的是让你傻傻分不清，鸟儿怎么可能找得到它呢！东亚燕灰蝶的后翅末端有一个眼斑，类似于蝴蝶的复眼，而且在眼斑的前方还有一个小尾突，2个后翅合起来正好形成了2只触角。这样在它的后翅末端就形成一个"假头"。栖息时翅合拢并摩擦引起尾突振动，好像头部的触角在活动。由于有2个"头"，这样，东亚燕灰蝶被捕食的概率就会减少一半。稍微笨点或者心急的小鸟可能会把它的假头当成真头，啄上一口也不过是伤害了它的翅膀。在鸟儿愣神的时候，东亚燕灰蝶趁机逃之夭夭。燕灰蝶属的蝴蝶基本上都有这个特征，这也算是它们的一个生存法宝吧！

有些蝴蝶所具有的鲜艳外表还能对敌害起到震慑作用，它们的翅上具有与脊椎动物的眼睛相似的眼斑。猫头鹰蝶、

图31-2　枯叶蝶

图31-3　东亚燕灰蝶

图31-4　美眼蛱蝶

美眼蛱蝶在休息的时候展现的是隐藏色，当它们受到骚扰时就会打开翅膀突然暴露出大眼斑，使天敌受到惊吓从而保护了自己。也有学者认为它们的大眼斑是为了吸引捕食者的注意力，从而避免致命部位受到伤害。

图31-5　猫头鹰蝶

醒目的警戒

有些蝴蝶的醒目色彩是为了显示它们有毒不能吃。那些有毒或难于下咽的蝴蝶常有醒目的色斑,这是为了让捕食者识别它们。对这些蝴蝶来说,在它们被天敌攻击前就被识别为不可食者是非常有利的。金斑蝶就是这样一种有毒蝴蝶。金斑蝶的幼虫取食的马利筋中具有对心脏不利的卡烯内酯,当幼虫经过蛹期变为成虫的时候,这种有毒物质会转移到成虫体内。所以它们不怕被天敌发现。一只初出茅庐的小鸟可能会捕食金斑蝶,但很快就会明白金斑蝶并不是那么容易下咽的,然后它将把这种蝴蝶的不愉快味道与其醒目的颜色联系起来,以后再遇到类似的蝴蝶,它们就会选择放弃。

图31-6 金斑蝶

　　生活在印度尼西亚的燕尾蝶,其翅膀上有很多非常细微的小槽,在受到光线照射时会产生浓重的色彩。这种蝴蝶还可以借助其自身的色泽使自己"加密",即面对潜在的配偶时呈现出一种颜色,遇到捕食者时呈现出另一种颜色。其翅膀上的绿色闪耀斑块便是大自然在光学设计方面独具匠心的最好例证:在光学仪器下,这些斑块呈现出明艳的蓝色,但以肉眼观察,其显示为绿色。在其同类眼里,看到的是漂亮的蓝色翅膀;而在捕食者眼里,看到的只是一片翠绿的热带环境中并不起眼的绿色斑块。这样一来,蝴蝶既可安全地与周围环境融为一体,从而避免天敌的捕食,同时又保证与同类的有效沟通。

　　蝴蝶的求爱靠的是蝶翅上闪光的鳞片。这些典型的眼斑图案可以反射紫外线,当雄蝶振翅时会产生一种紫外线频频闪动的效果,再与浓浓的信息素的气味结合在一起,就可以不折不扣地迷住雌蝴蝶。虎斑蝶雄蝶的后翅上有椭圆形的香鳞袋,即我们所说的性标,可以散发出吸引雌蝶的性信息素。

图31-7　虎斑蝶雄蝶的性标

翅色的应用

　　蝴蝶种类繁多,蝶翅上丰富的色彩和斑纹吸引了科学家们的注意力。随着研究的深入,蝴蝶的色彩得到了广泛的应用。在纺织工艺中,人们从蝴蝶翅色彩中用光谱分析出许多色谱,为服装设计者提供了各种各样的调和色,可做镶边及服饰色彩的搭配,给人以美的感觉。根据蝶翅的色彩和斑纹可设计出各种各样图案的花布。纺织品中的闪光也是利用了鳞翅的闪光原理,使织物从不同的角度可呈现不同的颜色。

　　有趣的是,科学家们对蝴蝶色彩的研究,还曾给军事防御带来极大的裨益。第二次世界大战期间,德军包围了列宁格勒,企图用轰炸机摧毁其军事目标。苏联昆虫学家施万维奇利用蝴蝶的色彩在花丛中不易被分辨出来的原理,为军事设施设计出类似蝴蝶花纹的伪装,从而有效地保存了实力,为赢得战争的最后胜利奠定了坚实的基础。此后,人们根据同样的原理设计出迷彩服,从而大大减少了战斗中的人员伤亡。

梁祝化蝶——玉带凤蝶

昆虫名片

中文名：玉带凤蝶   翅展：77~95 毫米

分类地位：鳞翅目 Lepidoptera、   世界已知种数：1 种

凤蝶科 Papilionidae   中国已知种数：1 种

体长：25~28 毫米   分布：世界性分布

    蝴蝶是美的化身，蝴蝶是爱的象征，两只蝴蝶在花间飞舞，忽上忽下、忽快忽慢、温情脉脉。咏蝶是历代文人墨客永恒的主题，人们常常把双飞的蝴蝶作为自由恋爱的象征。"碧草青青花盛开，彩蝶双飞久徘徊，千古传颂深深爱，梁山伯与祝英台……"，"梁祝化蝶"这个凄美哀婉的爱情故事不仅深入每一个中国人的心中，而且还流传到朝鲜、越南、缅甸、日本、新加坡和印度尼西亚等很多国家。小提琴协奏曲《梁祝》更是享誉中外的世界名曲。那么，梁祝化蝶到底化为哪种蝴蝶了呢？

梁 祝 蝶

关于梁祝化蝶的蝴蝶物种，目前国内基本上有三个版本。云南、广东等地的人们认为美凤蝶为"梁祝蝶"。美凤蝶是雌雄异型的大型蝴蝶，雄蝶翅背面为蓝黑色，有天鹅绒的光泽，尽显雍容华贵；雌蝶有两种形态，一种是无尾突的，另一种是有尾突的，飞行缓慢优雅。丝带凤蝶是雌雄异型的中型蝴蝶，雄蝶白净素雅，雌蝶华丽浓艳，雌雄蝶都有2个长长的尾突，由于雌雄蝴蝶常常形影不离，因而很多人把丝带凤蝶当作《梁祝》化成的蝴蝶。而在《梁祝》故事的发源地浙江宁波，人们更喜欢把玉带凤蝶当作梁祝蝶。

图32-1　丝带凤蝶(雌)　　　　　　　　　图32-2　丝带凤蝶(雄)

玉带凤蝶是雌雄异型的大中型蝴蝶。雄蝶翅面黑色，前翅外缘和后翅中部有一列白斑，前后翅展开时形成了一条玉带，"玉带围腰"在我国古代则是男儿为官的象征，所以人们把雄性玉带凤蝶看作是梁山伯的化身。雌性玉带凤蝶有几种形态，其中"红珠型"雌蝶的后翅中部有白斑，外围则围绕着新月形的红色斑纹，宛如少女身穿彩裙，婀娜多姿；而"拟雄型"雌蝶恰巧能与梁祝传说中的祝英台的男扮女装相对应，因此，人们把雌性玉带凤蝶看作是祝英台的化身。

图32-3 玉带凤蝶交尾

成蝶的伪装

　　玉带凤蝶，又名白带凤蝶、黑凤蝶、缟凤蝶，属于鳞翅目、凤蝶科的一种昆虫。玉带凤蝶以马缨丹、龙船花、茉莉等植物的花蜜为食，它们喜欢在阳光普照的花园里飞舞。春末夏初，雌雄蝴蝶交尾以后，雌蝶便在柑橘等植物叶片上产卵，一次产1枚。玉带凤蝶是完全变态昆虫，一生要经过卵、幼虫、蛹、成虫共4个龄期。

　　玉带凤蝶成虫体长25~28毫米，翅展77~95毫米。雄蝶会吸水，可以吸收土壤中的矿物质。雄蝶只有一个型态，雌蝶有多个型态，斑纹、色彩变化很大，因此有

图32-4 玉带凤蝶卵

图32-5　玉带凤蝶(雌:红珠型)

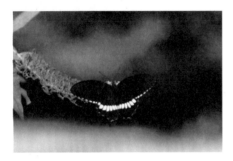

图32-6　玉带凤蝶(雄)

许多亚种。在我国,玉带凤蝶有4个亚种,其中"红珠型"雌蝶完全模仿了红珠凤蝶的形态,双翅的斑纹与红珠凤蝶几乎一模一样,很难分清。不同的是,玉带凤蝶的身体全黑色,而红珠凤蝶的身体上有红色斑纹和短毛。玉带凤蝶拟态红珠凤蝶并不是为了美丽婀娜,也不是为了能跟《梁祝》结缘,它们只是为了能够在红珠凤蝶的庇护下活下去。红珠凤蝶的幼虫取食马兜铃属植物的叶片,而这类植物体内含有毒素,幼虫在吃叶片的时候,毒素就会进入幼虫体内,幼虫经过蛹期再羽化为成虫,

图32-7　红珠凤蝶

这种毒素也会随之进入成虫体内,鸟儿等天敌吃了它以后会很痛苦,久而久之,它们对于这种形态的蝴蝶就会敬而远之。而玉带凤蝶成虫是没有毒性的,模拟红珠凤蝶就会让鸟儿误认为自己是红珠凤蝶,从而逃过天敌的猎杀。另一种玉带凤蝶亚型拟态南亚联珠凤蝶也是同样的道理。

幼虫的伪装

　　玉带凤蝶的幼虫一共有 5 个龄期。刚出生的幼虫像一条极微小的黄白色的线段,也就 3 厘米左右,幼虫一出壳就会回头将自己的卵壳吃掉,这是离它最近又营养丰富的食物了。每蜕一次皮,幼虫都会长大很多,颜色也逐渐加深,2 龄幼虫为黄褐色,3 龄幼虫为黑褐色。1~3 龄幼虫身体有肉质突起,看上去黏糊糊的,胸腹间有一条网状白色斑纹,不仔细看,还以为是鸟儿刚拉的粪便呢。试想一下,哪只鸟儿会对自己的粪便感兴趣呢? 3龄幼虫把拟态鸟粪达到了登峰造极的程度,无论是形状、大小都极为相似。

图32-8　1龄、2龄玉带凤蝶幼虫

图32-9　3龄玉带凤蝶幼虫

　　等幼虫进入 4 龄期的时候,身体会发生很大的变化,通体呈油绿色甚至深绿色,体型也有很大变化。因为体型太大了,模拟鸟粪显然是不合适了,所以它们发展了跟叶片颜色一样的绿色,与叶片浑然一色,很好地隐藏了自己。就算被天敌发现,也不用害怕,它们还有御敌绝招。它们的胸背部隆起得很高，头缩在突起下面，一般不伸出来，突兀的胸背部模拟了蛇头，上面还有一连串的斑纹，胸两侧的 2 枚较大的花斑，模拟蛇的眼睛，看上去像极了一条小蛇。前胸中还藏着 1 对紫红色的臭腺角，平时并不外露。一旦有天敌接近，它们会迅速把胸部隆起，尽可能突出假眼斑，把天敌吓一

图32-10　4龄、5龄玉带凤蝶幼虫　　　　　图32-11　红臭腺角(玉带凤蝶幼虫)

跳；如果天敌没被吓跑，还要去侵犯它，那它就会突然抬起头和突起的胸部，从胸部翻出红色臭腺角，像蛇吐出信子一样，并散发出一种蛇毒一样的怪味，吓跑天敌。5 龄幼虫与 4 龄幼虫的形态特征和行为习性都差不多，只是个头稍大一些而已，体长大约 45 毫米。

　　从幼虫到成虫，玉带凤蝶在每一个生存阶段都完美地展示了自己的生存智慧，难怪它能在地球上生活得如此逍遥，在国内外很多地区都有分布。

惊人的形似

　　值得一提的是，玉带凤蝶的幼虫和一种叫作柑橘凤蝶的幼虫几乎一模一样，从 1 龄到 5 龄，每个龄期都非常相似，而且它们取食的植物基本都是重合的，所以它们经常在同一片叶子上生活，真的很难区分。而 2 种蝴蝶的成虫差异却非常明显。幼虫之间最大的区别就是，等你刺激它的时候，

它伸出的臭腺角的颜色是不一样的,玉带凤蝶幼虫的臭腺角的颜色是紫红色的,而柑橘凤蝶幼虫的臭腺角是黄色的。当然,这是 4 龄、5 龄幼虫的特征,1~3 龄幼虫真的是很难分辨。关于这 2 种幼虫为什么那么相似,是不是也是玉带凤蝶的一种生存策略,目前还没有这方面的研究报道。

图32-12　黄臭腺角(柑橘凤蝶幼虫)

梁祝化蝶——玉带凤蝶